农民技能提升培训系列教材

蔬菜主要病虫害
发生与识别

编审委员会
主　任　叶军平
副主任　刘佩红　费　强
委　员　朱建华　叶正文　夏海云　沈富林　张根玉
　　　　丰东升　黄　辉　孙月星　陆　军　曹　云

编审人员
主　编　赵　康
副主编　董晓英　渠　雯
编　者　乔　占　黄　红　陶莉洁　周国朝
　　　　王恩军　王　琳　李朝平
主　审　刘苗会

中国劳动社会保障出版社

图书在版编目（CIP）数据

蔬菜主要病虫害发生与识别 / 上海市农业广播电视学校组织编写 . -- 北京：中国劳动社会保障出版社，2023

农民技能提升培训系列教材

ISBN 978-7-5167-5818-2

Ⅰ.①蔬… Ⅱ.①上… Ⅲ.①蔬菜 – 病虫害防治 – 技术培训 – 教材 Ⅳ.①S436.3

中国国家版本馆 CIP 数据核字（2023）第 034710 号

中国劳动社会保障出版社出版发行

（北京市惠新东街 1 号　邮政编码：100029）

*

北京宏伟双华印刷有限公司印刷装订　　新华书店经销

787 毫米 ×1092 毫米　16 开本　6.75 印张　105 千字

2023 年 5 月第 1 版　2023 年 5 月第 1 次印刷

定价：27.00 元

营销中心电话：400-606-6496

出版社网址：http://www.class.com.cn

版权专有　　侵权必究

如有印装差错，请与本社联系调换：（010）81211666

我社将与版权执法机关配合，大力打击盗印、销售和使用盗版图书活动，敬请广大读者协助举报，经查实将给予举报者奖励。

举报电话：（010）64954652

内 容 简 介

本教材由上海市农业广播电视学校组织编写。教材从强化培养操作技能、掌握实用技术的角度出发,较好地体现了当前最新的实用知识与操作技术,对于提高从业人员基本素质、掌握蔬菜主要病虫害发生与识别核心知识与技能有直接的帮助和指导作用。

本教材在编写中根据蔬菜主要病虫害发生与识别工作特点,以能力培养为根本出发点,采用模块化的编写方式。全书共分为5章,内容包括蔬菜病害发生规律、蔬菜虫害发生与为害、蔬菜常见病害识别与防治、蔬菜常见虫害识别与防治、主要蔬菜常见病虫害为害状等。

本教材可作为蔬菜主要病虫害发生与识别的农民技能提升培训系列教材,也可供全国中高等职业技术院校相关专业师生参考使用,以及相关职业从业人员培训使用。

前 言

大力开展农民技能培训，提升广大农民技能素质，加快培养一批专业型、技能型、创新型劳动者和高技能人才，培育一支"爱农业、懂技术、善经营"的高素质农民队伍，将为实施乡村振兴战略、推进现代绿色农业发展提供人才支撑，促进农民收入持续增长。

为更好地满足农业产业发展需要，近年来，上海市农业农村委员会在种植、畜牧、水产、农机、农产品安全等领域，积极开展农业新业态、新技能培训项目开发，广泛开展农业从业人员实用技术培训，提高优质农产品生产水平和农业专业化服务能力，围绕家庭农场、农民专业合作社、农业龙头企业等新型农业经营主体，以农业高技能人才培养基地为平台，发挥农民技能培训辐射带动作用，形成了规模化农民技能培训的示范效应。

为配合农民技能提升培训工作的需要，上海市农业广播电视学校组织了农业领域的专家、技术人员共同编写了农民技能提升培训系列教材。本系列教材以产业发展为立足点，以生产技能和经营管理能力提升为主线，注重知识和技能的针对性和有效性，实用性强，适应农民技能培训和自身学习需要，是广大农民增收致富的好帮手。

本系列教材在编写过程中得到了上海市、区两级相关农业技术推广部门与农业院所有关专家的关心指导和大力支持，在此谨表示最诚挚的谢意。

由于水平有限，不当之处在所难免，恳请读者指正。

农民技能提升培训系列教材　编委会

目　　录

- **第 1 章　蔬菜病害发生规律**
  - 1.1　蔬菜常见真菌性病害发生规律 ……………………… 2
  - 1.2　蔬菜常见细菌性病害发生规律 ……………………… 14
  - 1.3　蔬菜常见病毒性病害发生规律 ……………………… 15

- **第 2 章　蔬菜虫害发生与为害**
  - 2.1　成虫、幼虫（若虫）均可造成危害的害虫发生与
    为害 …………………………………………………… 20
  - 2.2　蔬菜常见夜蛾类害虫发生与为害 …………………… 29
  - 2.3　其他害虫发生与为害 ………………………………… 34

- **第 3 章　蔬菜常见病害识别与防治**
  - 3.1　真菌性病害 …………………………………………… 40
  - 3.2　细菌性和病毒性病害 ………………………………… 62

- **第 4 章　蔬菜常见虫害识别与防治**
  - 4.1　鳞翅目害虫 …………………………………………… 68
  - 4.2　同翅目害虫 …………………………………………… 76
  - 4.3　螨类害虫 ……………………………………………… 80
  - 4.4　其他害虫 ……………………………………………… 84

- **第 5 章　主要蔬菜常见病虫害为害状**
  - 5.1　番茄常见病虫害为害状 ……………………………… 94

5.2 甘蓝、花菜常见病虫害为害状 …………………… 95
5.3 瓜类常见病虫害为害状 …………………… 96
5.4 辣椒常见病虫害为害状 …………………… 97
5.5 茄子常见病虫害为害状 …………………… 98

第 1 章

蔬菜病害发生规律

1.1 蔬菜常见真菌性病害发生规律 / 2

1.2 蔬菜常见细菌性病害发生规律 / 14

1.3 蔬菜常见病毒性病害发生规律 / 15

1.1 蔬菜常见真菌性病害发生规律

真菌性病害是由植物病原性真菌侵染而引起的植物病害。植物病原性真菌有 8 000 种以上，可引起 3 万余种植物病害，占植物病害总数的 80% 左右，属第一大病原物。主要症状是坏死、腐烂、萎蔫，植株上一般都产生白粉层、黑粉层、霜霉层、锈孢子堆、菌核、霉状物、蘑菇状物、棉絮状物、颗粒状物、绳索状物、黏质粒、小黑点等。

真菌性病害有两个主要特征：一是产生不同形状的病斑，有圆形、椭圆形、多角形、轮纹形或不规则形；二是病斑上会产生不同颜色的霉状物、粒状物、粉状物等，无臭味，颜色有白、黑、红、灰、褐等。

1.1.1 灰霉病

1. 侵染与传播

灰霉病病菌在枯叶或病残体上越冬或越夏，来年春天条件适宜时病菌借气流、雨水、露水或农事操作进行传播，其中蘸花是重要的人为传播途径。

花期是侵染高峰期，在穗果膨大期浇水会导致病果剧增。

2. 发生与环境关系

灰霉病病菌发育适宜温度为 20～23 ℃。灰霉病的发生对湿度要求很高，相对湿度持续 90% 以上的多湿状态易发病。

病菌喜温暖潮湿的环境，发病温度范围为 2～31 ℃，最适发病温度范围为 18～25 ℃，最适感病生育期为开花结果期。

灰霉病主要发病盛期为 3—6 月。早春多雨、光照不足、低温高湿或梅雨期间多雨的年份发病重。种植密度大、通风透光不好会导致发病重；氮肥施用太多、生长过嫩，导致抗性降低，易发病；连作、地势低洼、排水不良、土壤潮湿田块发病较重；低温、高湿、多雨或长期连阴雨、日照不足易发病；阴雨天或清晨露水未干时整枝造成伤口多或虫伤多，病菌从伤口侵入，易发病。番茄田间灰霉病症状如图 1-1 所示。

第 1 章 蔬菜病害发生规律

图 1-1 番茄田间灰霉病症状

1.1.2 白粉病

1. 侵染与传播

白粉病病菌随病株残余组织遗留在田间越冬或越夏,成为来年初侵染源。病菌的分生孢子借气流或雨水传播落在蔬菜作物叶片上,从寄主表皮直接侵入,引起初次侵染,然后萌发侵入,在叶片上形成白色病斑。

2. 发生与环境关系

白粉病病菌喜温暖潮湿的环境,病菌孢子萌发适宜温度范围为 15～30 ℃、相对湿度为 80% 以上。气温升高,湿度适宜,上午 6 时至下午 3 时有微风,适宜病菌孢子飞散传播。

主要发病盛期在 4 月中下旬至 11 月。白粉病大量发生或造成严重危害需满足的条件为:有大量的病源、有适宜的农作物寄主和适合的环境。田块间连作地、附近有发病较重的菌源田、排水不良、作物生长势差等情况会引起发病较早、较重。栽培上种植过密、通风透光差、氮肥施用过多、保护地栽培等情况往往会使发病较重。黄瓜田间白粉病症状如图 1-2 所示。

图 1-2 黄瓜田间白粉病症状

1.1.3 霜霉病

1. 侵染与传播

霜霉病病菌以菌丝体和孢子囊随病株残体在田间越冬或越夏,在环境条件适宜时,孢子囊借气流传播至寄主植物上,从寄主表皮直接侵入叶片,引起初次侵染。

在受害部位发病的霜霉病病菌通过气流和雨水反溅传播,进行多次再侵染,加重危害。

2. 发生与环境关系

霜霉病病菌喜温暖高湿的环境,发病温度范围为 10～30 ℃,最适发病温度范围为 15～22 ℃、相对湿度为 90% 以上,低于 15 ℃或高于 30 ℃发病会受到抑制。

高湿是霜霉病病害发生的首要条件,在昼夜温差大、多雨、雾日多、结露多的年份病害易发生流行,保护地栽培通风不良、湿度高易发病。黄瓜田间霜霉病症状如图 1-3 所示。

图 1-3　黄瓜田间霜霉病症状

发病时，病斑先出现在植株下部贴近地面的叶片上，病叶自下向上蔓延，形成中心病株后向四周扩大蔓延。栽培上定植密度过高、氮肥施用过多的田块病害发生较重。

1.1.4　菌核病

1. 侵染与传播

菌核病病菌主要以菌核在土壤中及混杂在种子中越冬或越夏。环境条件适宜时，病菌借气流传播蔓延，从作物表层直接侵入。侵入后病菌破坏作物的细胞和组织，并通过病株和健康植株间的接触进行多次再侵染，加重菌核病危害。

病叶与健叶或茎秆接触，带病花瓣落在健叶上，菌核病病菌就可以传播而使健全的茎叶发病。

2. 发生与环境关系

菌核病病菌喜温暖潮湿的环境，发病温度范围为 0～30 ℃，最适发病温度范围为 20～25 ℃、相对湿度为 85% 以上。干燥土壤适宜病菌存活，最适感病生育期为成株期至结果中后期。

菌核病主要发病盛期在3—6月，早春多雨或梅雨期间多雨的年份发病重。与有菌核病发生的作物接茬的田块、插种地、排水不良的田块发病较早、较重。黄瓜田间菌核病症状如图1-4所示。

图1-4　黄瓜田间菌核病症状

栽培时，连作地以及种植过密、通风透光差、偏施氮肥田块菌核病发病重，受冻害、霜害和肥害的田块菌核病发病重。

1.1.5　炭疽病

1. 侵染与传播

炭疽病病菌以菌丝体在病残株上越冬，春季条件适宜时产生分生孢子，通过雨水飞溅或气流传播侵染。

炭疽病病菌先侵染下部叶片，然后逐渐向上部叶片发展，受害部位的分生孢子盘产生新生代分生孢子随风雨传播，引起多次再侵染。

2. 发生与环境关系

炭疽病病菌喜温暖高湿环境，发病温度范围为 10～30 ℃，最适发病温度范围为 22～27 ℃、相对湿度为 95% 以上，最适感病生育期为开花坐果期到采收中后期，发病潜育期 5～7 天。5—6 月低温多雨条件下炭疽病易发生，气温超过 30 ℃、相对湿度低于 60% 时抑制其发生。

主要发病盛期在 5—11 月，在适宜温度条件下相对湿度越高发病越重。早春多雨、梅雨期间闷热多雨、夏天闷热多雨的年份炭疽病发病重。甜椒田间炭疽病症状如图 1-5 所示。

图 1-5　甜椒田间炭疽病症状

田块间连作地以及排水不良、地下水位高的田块发病较早、较重。栽培时，种植过密、通风透光差、大水大肥浇施、排水不良、氮肥施用过多、植株生长不健的田块炭疽病发病重。重病地或雨后采摘的蔬菜，储运期可继续发病蔓延。

1.1.6　猝倒病

猝倒病是由腐霉属、疫霉属、丝核属等真菌侵染引起的植物病害。苗床的温度、湿度是影响发病的主要原因。

1. 侵染与传播

猝倒病病菌以卵孢子在表土层越冬,并在土中长期存活。

在环境条件适宜时,病菌借灌溉水或雨水溅射传播蔓延,进行再侵染,加重危害。

2. 发生与环境关系

猝倒病病菌生长的适宜地温为10～15℃。在通风条件差的苗床内,由于湿度高,幼苗徒长,植株抗病性下降,极易发病,造成大批死苗。种子、床土带菌多,秧苗容易受侵染,猝倒病发病率也高。田间猝倒病症状如图1-6所示。

图1-6　田间猝倒病症状

同一作物在不同生育期的抗病性不同,一般子叶期的抗病性最弱。保温性差、通风条件不好的苗床,其温差变化幅度过大,猝倒病易发生。苗床水分过多、阳光不足、床内温度过低,容易引发猝倒病而导致死苗。

1.1.7　叶霉病

1. 侵染与传播

叶霉病病菌以分生孢子附着在种子表面或以菌丝体潜伏在种皮内越冬,还能以菌丝块或菌丝体随病株残余组织遗留在田间越冬。叶霉病由半知菌亚门真菌黄枝孢菌侵染所致。

叶霉病病残体通过气流传播引起初次侵染，在环境条件适宜时病株产生大量的分生孢子造成多次再侵染。

2. 发生与环境关系

叶霉病病菌喜温暖高湿的环境，发病温度范围为 9～34 ℃，最适发病温度范围为 20～25 ℃，相对湿度为 95% 以上，最适感病生育期为封行期至坐果期。

上海地区叶霉病主要发病盛期在春季 3—7 月、秋季 9—11 月，常年春季发病重于秋季。年度间早春低温、连续阴雨或梅雨期间多雨的年份发病重，秋季晚秋温度偏高、多雨的年份发病重。田块间连作地以及地势低洼、地下水位高、排水不良的田块发病较早、较重。番茄田间叶霉病症状如图 1-7 所示。

图 1-7　番茄田间叶霉病症状

保护地栽培由于早春保温的需要，温室和大棚关闭时间长，空气流通不良、湿度过大导致比露地栽培的发病重。栽培上种植过密、寒流受冻、通风透光差、浇大肥大水、氮肥施用过多、春播特早熟茬口的田块叶霉病发病重。

1.1.8 疫病

1. 侵染与传播

疫病病菌以卵孢子和厚垣孢子随病株残余组织遗留在田间越冬。

在环境条件适宜时，卵孢子借雨水反溅或气流传播至寄主茎基部或近地面的果实上，从表皮直接侵入，引起初次侵染。

2. 发生与环境关系

疫病病菌喜高温高湿的环境，发病温度范围为10～38 ℃，最适发病温度范围为25～30 ℃，相对湿度为80%左右，最适感病生育期为坐果期，发病潜育期5～10天。

上海地区疫病主要发病盛期为保护地春季5—6月，露地6—7月，其间连续下雨或暴雨淹水田间易发病，且蔓延迅速。田块间连作地以及地势低洼、雨后积水、排水不良的田块发病较重。栽培上种植过密、通风透光差的田块发病重。辣椒田间疫病症状如图1-8所示。

图1-8　辣椒田间疫病症状

1.1.9 枯萎病

1. 侵染与传播

枯萎病病菌以菌丝、厚垣孢子或菌核随病株残余组织遗留在田间和未腐熟的有机肥中越冬，还能附着在种子和棚架上越冬，成为翌年初侵染源。

枯萎病病菌主要借雨水、灌溉水、昆虫等传播，棚架、农具、地下害虫等也可传播病害。在环境条件适宜时，厚垣孢子从根部伤口、自然裂口或根冠侵入，还可从茎基部的裂口侵入，并向上蔓延，导致植株萎蔫枯死。

2. 发生与环境关系

枯萎病病菌喜温暖潮湿的环境，发病温度范围为 4～34 ℃，最适发病温度范围为 24～28 ℃、土壤含水量范围为 20%～40%，主要发病盛期为春季 4—6 月和秋季 8 月下旬至 10 月上旬。

管理粗放，偏施、过施氮肥，磷、钾肥施用不足，施用未充分腐熟的带菌有机肥等都有利于枯萎病发生，保护地连作栽培发病重。黄瓜田间枯萎病症状如图 1-9 所示。

图 1-9　黄瓜田间枯萎病症状

早春多雨、梅雨期间多雨、秋季多雨的年份枯萎病发病重，田块间连作地以及连作重茬、地势低洼、排水不良、雨后积水的田块枯萎病发病较早、较重。阴雨天多、降雨量大或连续阴雨后转暴晴，病害症状表现快而重。

1.1.10 晚疫病

1. 侵染与传播

晚疫病病菌主要以菌丝体在马铃薯薯块上或保护地番茄上为害并越冬，还能以厚垣孢子随病株残余组织遗留在田间越冬，并成为来年的初侵染源。

在环境条件适宜时，晚疫病中心病株产生的孢子囊及游动孢子通过雨水反溅、灌溉水或气流传播至寄主植物上，引起多次再侵染。

2. 发生与环境关系

晚疫病病菌喜温暖高湿的环境，发病温度范围为 10～32 ℃，最适发病温度范围为 18～25 ℃，相对湿度为 95% 以上，最适感病生育期为成株期至坐果期。

上海地区晚疫病主要发病盛期在春季 3—5 月、秋冬季 10—12 月。年度间早春多雨或梅雨期间多雨的年份发病重，晚秋多连续阴雨的年份发病重。番茄田间晚疫病症状如图 1-10 所示。

图 1-10　番茄田间晚疫病症状

第 1 章　蔬菜病害发生规律

田块间连作地以及地势低洼、排水不良的田块晚疫病发病较重。栽培上栽种感病品种、种植过密、通风透光差、肥水施用过多的田块发病重。保护地栽培寒流侵袭时作物受冻的田块发病重。

1.1.11　早疫病

1. 侵染与传播

早疫病病菌以菌丝体和分生孢子随病株残余组织遗留在田间越冬。田间病株残余组织内的病菌在环境条件适宜时产生分生孢子，通过雨水反溅和气流传播至寄主植物上，从寄主表皮直接侵入，引起初次侵染。

早疫病经潜育后出现病斑，并在受害部位产生新生代分生孢子，通过雨水和气流的传播进行多次再侵染，加重危害。

2. 发生与环境关系

早疫病病菌喜温暖高湿的环境，发病温度范围为 1～45 ℃，最适发病温度范围为 22～28 ℃、相对湿度为 95% 以上。

最适感病生育期：保护地为苗期，露地为开花结果期至采收期。在适宜的温度条件下遇连续阴雨，相对湿度高于 85% 时有利于早疫病发病。保护地设施栽培番茄遇温暖高湿，且又忽视开棚通风换气时，病害极易盛发。

上海地区早疫病主要发病盛期在 2—6 月，早春多雨或梅雨期间多雨的年份发病重，田块间连作地、排水不良的田块发病较早、较重。栽培上种植过密、通风透光差、管理粗放、大水大肥浇施的田块发病重。番茄田间早疫病症状如图 1–11 所示。

图 1–11　番茄田间早疫病症状

1.2 蔬菜常见细菌性病害发生规律

细菌性病害是由细菌侵染所致的病害，发病后期遇潮湿天气，病害部位溢出细菌黏液是细菌性病害的特征。细菌性病害的主要症状有坏死、腐烂、萎蔫、肿瘤等，并时常有菌脓溢出，而变色的较少。

1.2.1 细菌性与真菌性病害的区别

细菌性病害发生的主要特点：一是受害组织表面常为水渍状或油渍状；二是在潮湿条件下病部有黄褐色或乳白色的胶黏、似水珠状的菌脓；三是腐烂型病害患部往往有恶臭味。

细菌性与真菌性病害的区别主要在于真菌性病害一般症状有霉状物、粉状物、锈状物、丝状物或黑色小粒点，这是田间诊断的重要依据。

植株受细菌性病害侵染后产生的病状主要有斑点形、叶枯形、青枯形、溃疡形、腐烂形、畸形等。

1.2.2 常见的细菌性病害

蔬菜常见的细菌性病害有：瓜类、茄果类、十字花科蔬菜类等细菌性青枯病、软腐病、黑腐病、黑斑病；瓜类、茄果类、豆类等细菌性角斑病；茄果类、豆类等溃疡病、疮痂病。

1. 侵染与传播

病原细菌可在种子（或其他繁殖材料）、病残体、土壤、粪肥、杂草寄主或昆虫体内越冬或越夏，成为下一个生长季的初侵染源。

多数细菌性病害都能发生再侵染。细菌通过寄主的伤口或气孔、水孔、皮孔等自然孔口侵入。田间主要通过雨水、灌溉水、昆虫、农事操作等传播。

2. 发生与环境关系

一般高温、多雨、潮湿天气有利于细菌性病害的发生，也有利于细菌的传播及削弱寄主植物的抗病性，诱发细菌性病害流行。例如，细菌性角斑病在台风、暴雨等不良条件下易使黄瓜植物表面产生伤口。黄瓜田间细菌性角斑病症状如图1-12所示。

图1-12 黄瓜田间细菌性角斑病症状

播种带菌种子，种子发芽后细菌直接侵入子叶将产生病斑，会引起幼苗发病。

1.3 蔬菜常见病毒性病害发生规律

病毒是一类个体微小、无完整细胞结构、含单一核酸、必须在活细胞内寄生并复制的非细胞型微生物，其结构简单，主要由核酸和蛋白质组成。由病毒侵染植物引起的病害称为病毒性病害，也称病毒病。

1.3.1 病症

病毒性病害的病症主要表现在嫩叶上，种类虽少，但危害大，防治难度也大。病毒在侵染寄主后不仅与寄主植物争夺生长所必需的营养成分，还会破坏植物的养分输导，改变寄主植物的某些代谢平衡，导致植物的光合作用受到抑制，导致植物生长困难，产生畸形、黄化等症状，严重的会造成寄主植物死亡。病毒性病害的主要症状有变色、坏死和畸形。病毒性病害的病症类型见表 1–1。

表 1–1　病毒性病害的病症类型

序号	类型	说明
1	花叶型	主要发生在植株上部叶片上，表现为叶片上出现黄绿相间或叶色深浅相间的花叶症状、叶色褪绿、叶面稍皱、植株矮化，新生叶片偏小、皱缩、明脉、叶色偏淡
2	蕨叶型	植株一般明显矮化。上部叶片叶肉组织退化，叶片部分或全部仅存主脉，叶片细长呈线状，节间缩短。中下部叶片向上微卷，花瓣加长增厚
3	条斑型	可发生在茎、叶和果实上： 茎染病——初始时产生暗绿色的短条斑，扩大后呈褐色、长短不一的条斑，并逐渐蔓延，严重时引起部分分枝或全株枯死 叶染病——形成褐色云纹状斑或条斑 果实染病——产生淡褐色稍凹陷病斑，果面着色不均匀、畸形，病果易脱落
4	卷叶型	叶片边缘向上卷曲，叶脉间黄化，小叶似球形畸形卷曲使植株萎缩
5	黄顶型	植株顶部叶片出现褪绿色或黄化、叶小、叶面皱缩，病叶中部稍突起、边缘卷曲，植株矮小、分枝增多

1.3.2　蔬菜常见的病毒性病害

蔬菜常见的病毒性病害主要有黄瓜花叶病毒病、番茄花叶病毒病、番茄蕨叶病毒病、辣椒花叶病毒病、番茄条斑病毒病等，以番茄病毒病发生最为普遍。

1. 侵染与传播

田间发病后，通过昆虫、植株间汁液接触、田间农事操作等传播至寄主植物上，从寄主伤口侵入，进行多次再侵染，如图 1–13 所示。

病毒病主要通过蚜虫、叶蝉、飞虱、粉虱等昆虫传播，也可以通过病株汁液接触传播。伤口及农事操作有利于传播病毒。种子也可带毒传播病毒。

图 1-13　田间病毒病症状

2. 发生与环境关系

病毒喜高温干旱的环境，发病温度范围为 15～35 ℃，最适发病温度范围为 20～25 ℃、相对湿度为 80%，蔬菜作物上发病盛期为 4—11 月。

病毒病的发生与周围环境条件关系密切，一般高温干旱天气有利于病害发生；土壤中缺钙、钾会助长花叶病的发生；施用过量的氮肥，植株组织生长柔嫩或土壤瘠薄、板结、黏重及排水不良可致发病严重。

早春温度偏高、少雨或蚜虫、烟粉虱等传毒媒介多发的年份发病重。田块间连作地、周边毒源作物丰富的田块发病较早、较重。栽培管理上防治媒介害虫不及时、肥水不足、田间管理粗放、生长势弱的田块发病重。

第 2 章

蔬菜虫害发生与为害

2.1 成虫、幼虫（若虫）均可造成危害的害虫发生与为害　　/ 20
2.2 蔬菜常见夜蛾类害虫发生与为害　　/ 29
2.3 其他害虫发生与为害　　/ 34

2.1 成虫、幼虫（若虫）均可造成危害的害虫发生与为害

蔬菜上成虫、幼虫（若虫）均可造成危害的主要害虫有蚜虫、烟粉虱、黄曲条跳甲、猿叶甲、美洲斑潜蝇、蓟马、红蜘蛛、茶黄螨等。

2.1.1 蚜虫

蚜虫种类多，主要有桃蚜、萝卜蚜、菜蚜、棉蚜、豆蚜、瓜蚜等，属同翅目蚜科害虫，主要为害白菜、卷心菜（也称甘蓝或包心菜等）、青菜、萝卜等十字花科蔬菜，还会为害茄果类、瓜类、豆类等多种蔬菜。

1. 发生

上海地区蚜虫年发生20～30代，世代重叠现象严重，一般以春秋两季为害最重，春季3—6月、秋季9—10月形成两次为害高峰。

蚜虫的成虫和若虫均可造成危害，常集结在叶背、嫩茎和叶面上，如图2-1所示。蚜虫刺吸汁液，可造成叶片卷缩畸形，植株生长不良，同时还能传播多种病毒病。

图2-1　田间蚜虫为害状

蚜虫对黄色有较强的趋性,对银灰色有忌避性,且具较强的迁飞和扩散能力。寄主衰老、营养条件恶化时大量有翅蚜会迁飞转移到新寄主上。

2. 为害

蚜虫生长、发育、繁殖的温度范围为 10～30 ℃,最适温度范围为 16～22 ℃,相对湿度范围为 40%～65%。高温高湿均抑制蚜虫的发育和繁殖,使其种群数量明显下降。

蚜虫的主要为害期在春季,秋季往往轻于春季,一般干旱年份发生重。

2.1.2 烟粉虱

烟粉虱属于同翅目粉虱科害虫,主要为害葫芦科、茄科、十字花科、豆科、锦葵科等多种蔬菜作物。

1. 发生

上海地区烟粉虱年发生 10～12 代,世代重叠,通常于每年 3 月在保护地内成虫开始取食活动,9—11 月为盛发期。

烟粉虱以成虫和若虫吸食植物汁液,被害植株叶片褪绿、变黄、萎蔫,甚至全株死亡,如图 2-2 所示。烟粉虱能分泌大量蜜露污染叶片和果实,会引起煤污病的发生,严重时叶片呈黑色,影响光合作用,还能传播多种病毒病。

图 2-2　田间烟粉虱为害状

成虫对黄色敏感，有较强的趋性，并具趋嫩性，总是随着植株生长不断到达顶部嫩叶的叶背产卵。

烟粉虱散产下的卵柄从气孔插入叶片组织中，与寄主作物保持水分平衡，不易脱落。

烟粉虱初龄若虫在叶背可做短距离移动，也会迁居到其他叶片上寻找合适的寄生点，进入 2 龄后便开始定居生活直至成虫。

2. 为害

成虫寿命、发育历期、产卵量等与温度有密切关系，温度超过 35 ℃ 时烟粉虱成虫活动能力显著下降，主要为害期为晚春至初夏、初秋至晚秋两个阶段。

暴风雨能抑制其大发生，非灌溉区或浇水次数少的作物受害重。烟粉虱成虫、若虫分泌的蜜露严重污染叶片和果实，还会引起煤污病的发生。

2.1.3 黄曲条跳甲

黄曲条跳甲属于鞘翅目叶甲科害虫，以成虫和幼虫为害青菜、白菜、甘蓝、花菜（也称菜花或花椰菜）、萝卜等十字花科蔬菜。

1. 发生

上海地区黄曲条跳甲年发生 6～7 代，世代重叠。黄曲条跳甲以成虫在过冬蔬菜的老叶下、残叶或杂草中、田间的土缝中越冬。

一般在 3 月中下旬温度达到 10 ℃ 左右时黄曲条跳甲成虫开始取食活动，全年以春秋两季发生重，秋季重于春季。一般 5 月中下旬至 7 月上中旬、9—10 月为盛发期。

成虫活泼，善跳跃，对黑光灯敏感，有趋光性，对黄色也有较强的趋性。春秋季早晚或阴天黄曲条跳甲躲藏在叶背或土块下，在中午前后活动最盛，夏季多在早晨和傍晚活动，喜为害深绿色的青菜等蔬菜，如图 2-3 所示。

2. 为害

黄曲条跳甲生长发育的温度范围为 15～35 ℃，最适温度范围为 21～27 ℃、相对湿度范围为 80%～100%。

成虫在作物的地上部分为害叶片，刚出土的幼苗子叶被吃后整株死亡，稍大的作物被

图 2-3　青菜黄曲条跳甲为害状

害后出现大量孔洞，影响产品的商品性。

黄曲条跳甲幼虫钻在土中为害菜根，初孵幼虫啃食根部表皮，幼虫稍大后蛀食根皮、咬断须根，甚至钻入根内为害，造成植株腐烂，甚至死亡。

2.1.4　猿叶甲

猿叶甲有大猿叶甲和小猿叶甲两个近似种，属于鞘翅目叶甲科害虫，主要为害白菜、花菜、萝卜等十字花科蔬菜。

1. 发生

上海地区猿叶甲年发生 2～3 代，以成虫在 5 cm 左右表土层中休眠越冬。通常 3 月初成虫开始活动，3 月中下旬产卵，4 月初至 5 月幼虫盛发，6 月起猿叶甲成虫潜入土中蛰伏夏眠，8 月下旬至 9 月初气温下降时又开始活动，9 月上旬产卵，9—11 月是第 2、3 代幼虫盛发期。

猿叶甲成虫有假死习性，耐饥力强，不善飞翔。卵块产，排列不整齐，多产在近根际土表、土隙间或产在植株心叶中。

猿叶甲初孵幼虫和低龄幼虫只能在叶背啃食叶肉，在叶片上形成许多小凹斑痕和透明斑点，高龄幼虫可食叶成孔洞，幼虫老熟后即爬入枯叶、土隙、石块下化蛹。

2. 为害

猿叶甲生长发育的温度范围为 10～27 ℃，最适温度范围为 15～23 ℃、相对湿度范围为 85%～95%。

猿叶甲每年有两次为害高峰期，分别为春季 4—5 月、秋季 9—10 月，秋季为害重于春季。猿叶甲成虫和幼虫均可取食为害叶片，使叶片呈缺刻或孔洞状，严重时食成网状，仅剩叶脉，造成减产，品质下降。

2.1.5 美洲斑潜蝇

美洲斑潜蝇属于双翅目潜蝇科害虫，主要为害菜豆、豇豆、扁豆等豆科作物，此外还为害番茄、茄子、黄瓜、丝瓜等多种蔬菜作物。

美洲斑潜蝇具舐吸式口器，以幼虫为害植物叶片。幼虫往往钻入叶片组织中潜食叶肉组织，使叶片呈不规则白色条斑，导致叶片逐渐枯黄，为害严重时被害植株叶黄脱落，如图 2-4 所示。

图 2-4　田间美洲斑潜蝇为害状

1. 发生

上海地区美洲斑潜蝇年发生 9～11 代，世代重叠现象严重，春秋两季发生最多，秋季为害最为严重，盛发期在 5—6 月、8 月下旬至 10 月。

美洲斑潜蝇的雌成虫用产卵器刺伤植物叶片取食汁液，雄成虫不刺伤叶片，只取食雌成虫刺伤点中的汁液。成虫活泼，飞翔距离短，对黄色光有较强的趋性，在植株间的活动区域以中部为多。美洲斑潜蝇主要在白天活动，以早上至 11 点最盛，晚上在植株的叶背栖息。

卵孵化后的美洲斑潜蝇幼虫即潜叶为害植物叶片，造成蛇形不规则的白色虫道，破坏叶绿素，影响光合作用。作物受害严重时，被害叶片可脱落。幼苗被害可显著延迟生育进程。

美洲斑潜蝇雌幼虫老熟后爬出潜叶虫道，在叶片上或土缝中化蛹。成虫寿命 7～15 天，成虫在飞翔中用产卵器刺伤叶片，将卵散产于其中，每头雌虫产卵量为 200～600 粒，繁殖率极强。

2. 为害

美洲斑潜蝇生长发育的温度范围为 15～35 ℃，最适温度范围为 20～30 ℃、相对湿度范围为 80%～85%。

入梅早、雨量多或早秋季多雷阵雨、多台风的年度美洲斑潜蝇发生轻，雨量少有利于重发，雨量多可抑制发生。

2.1.6 蓟马

蓟马属于缨翅目蓟马科害虫，主要为害黄瓜、冬瓜、大葱、番茄、茄子、甜椒，以及豆类、十字花科蔬菜作物。

1. 发生

蓟马成虫对黄色和植株的嫩绿部位有趋性，爬行敏捷、善跳、怕强光，阳光强烈时隐蔽于植株的生长点或幼瓜的茸毛内，迁飞都在晚间和上午。成虫寿命 7～40 天，可营两性生殖或孤雌生殖。

卵大多散产于寄主的生长点、嫩叶或幼苗的叶肉组织内，蓟马平均每头雌虫产卵量为50粒左右。

卵孵多在白天，近傍晚时最多，初孵若虫有群集性。蓟马一二龄若虫多数在植株上部嫩叶或幼果的毛丛中活动和取食，少数在叶背为害，老熟若虫有自然落地入土静伏发育为成虫的习性。

2. 为害

上海地区蓟马年发生10～12代，世代重叠现象严重。蓟马生长发育的温度范围为12～32℃，最适温度范围为24～30℃，较耐高温，适宜在夏秋两季发生，保护地栽培蓟马于4月进入发生和为害高峰，8月下旬至9月上旬露地作物受害重，如图2-5所示。

图2-5　茄子田间蓟马为害状

2.1.7　红蜘蛛

红蜘蛛属于蛛形纲前气门目叶螨科害虫，主要为害葫芦科、茄科、豆科等农作物，是保护地栽培蔬菜作物的重要害螨。

1. 发生

上海地区红蜘蛛年发生20代以上，以两性生殖为主，雌螨也能孤雌生殖，世代重叠现象严重，在向阳背风温暖处的枯枝、杂草根际、土块缝隙、树皮缝隙及根际土隙内越冬。

保护地3月中旬、露地4月下旬至5月中旬时田间见到点片为害状，随着高温干旱天气的适宜条件，红蜘蛛繁殖速度加快，7月中旬至8月中下旬是盛发期，发生严重时可造成大片作物受灾。

红蜘蛛羽化为成螨后，在适宜的条件下，每头雌虫平均产卵量为50～100粒，卵多产于叶片背面。

2. 为害

红蜘蛛以成螨和幼螨在叶背的叶脉附近吸取汁液。红蜘蛛卵孵化后，先在卵附近寄生，中后期开始向上蔓延转移。虫口密度高时，可扩散为害，扩散方式有爬行扩散、吐丝结成虫球借风力扩散等，在田间表现为先点片发生。

红蜘蛛生长发育的温度范围为10～37℃，最适温度范围为24～30℃、相对湿度范围为35%～55%。温度在30℃以上、相对湿度超过70%不利于种群繁殖。

红蜘蛛喜干旱，高温低湿有利于种群繁殖。梅雨季节雨量少的天气条件有助于初夏发生与为害，夏季持续高温闷热有利于夏秋大发生，如图2-6所示。

图2-6 茄子田间红蜘蛛为害状

2.1.8 茶黄螨

茶黄螨属于蜱螨目跗线螨科害虫,刺吸植株汁液,食性杂,寄主范围广,主要为害茄子、辣椒、马铃薯、番茄、菜豆、豇豆、黄瓜、丝瓜、萝卜、芹菜等蔬菜作物。

1. 发生

上海地区茶黄螨年发生20多代,世代重叠发生。茶黄螨成螨通常在土缝、蔬菜冬作物或杂草的根部越冬,一般在梅雨季节过后至9月为盛发期。

成螨活泼,趋嫩性强,适宜在温暖少雨的条件下生长繁殖。卵散产于嫩叶叶背、幼果或幼芽上。幼螨对湿度敏感,要求较高。

2. 为害

茶黄螨生长发育的温度范围为10~32℃,最适温度范围为16~27℃、相对湿度范围为45%~90%。叶片受害,叶背处汁液外渗,干后呈油渍状,茶褐色,有光泽,叶缘反卷、畸形,造成大量落叶,如图2-7所示。

幼果被害,生长停滞,组织僵硬,表皮呈龟纹状,严重时造成裂果,如图2-8所示。

图2-7 茄子叶背茶黄螨为害状

第 2 章 蔬菜虫害发生与为害

图 2-8 茄子果实茶黄螨为害状

2.2 蔬菜常见夜蛾类害虫发生与为害

蔬菜上夜蛾类害虫主要有甜菜夜蛾、斜纹夜蛾、烟青虫、小地老虎等，属鳞翅目夜蛾科，为杂食性害虫，是夏季蔬菜的重要害虫，为害叶菜类、茄类、葱蒜类、瓜类、豆类等蔬菜作物。

夜蛾类害虫以幼虫为害叶片，初孵幼虫群集叶背，吐丝结网，在其内取食叶肉，留下表皮成透明的小孔，3 龄以后可将叶片吃成缺刻或孔洞，严重时仅余叶脉和叶柄，致使菜苗死亡，造成缺苗断垄。上海地区夜蛾类害虫年发生 5～6 代，世代重叠。幼虫有假死性，怕光，白天常栖息于叶背、地面或潜入土中，早晚、夜间及阴天取食为害。夏季炎热少雨、高温干旱有利于发生，一般 8 月中旬至 9 月中旬发生重。

2.2.1 甜菜夜蛾

甜菜夜蛾是间隙发生的暴食性害虫，寄生范围广，幼虫抗药性强，为害十字花科的甘蓝、花椰菜、白菜、萝卜，以及黄瓜、甜瓜、番茄、辣椒、茄子、豇豆等蔬菜作物，是多食性害虫。

1. 发生

甜菜夜蛾年发生5~6代，世代重叠现象严重，常年越冬代成虫始见期为6月中旬，11月中旬为终见期。

成虫白天隐蔽，夜间活动，从黄昏至整个上半夜是成虫活动、取食、产卵的高峰期，寿命5~12天，对黑光灯有趋光性，对频振式灯也有较强趋性。卵成块产于植株下部老熟叶片的反面，呈单层排列，卵块上覆盖白色鳞毛，平均每头雌蛾可产卵4~5块（200~600粒）。

刚孵化的甜菜夜蛾幼虫在卵块附近叶片上昼夜取食叶肉，取食后留下叶片的表皮，将叶片吃成不规则的透明白斑，如图2-9所示。2、3龄起幼虫开始逐渐四处爬散或吐丝下坠分散转移为害，可将叶片吃成小孔状。

图2-9　甜菜夜蛾低龄幼虫为害状

2. 为害

1～3龄的低龄幼虫取食量约占整个幼虫期的17%；4龄后的高龄幼虫食量骤增，4龄的取食量约占整个幼虫期的20%，生活习性也改变成昼伏夜出，白天在作物周围的阴暗处或土缝里潜伏，傍晚起爬出取食；5龄的取食量约占整个幼虫期的63%。甜菜夜蛾幼虫虫口密度大时，可将叶片吃光，也可钻入果实和菜球内取食。幼虫在虫口密度过高、缺食料时有自相残杀现象。幼虫老熟后，入土1～3 cm，作土室化蛹。青菜田间甜菜夜蛾为害状如图2-10所示。

甜菜夜蛾生长发育的温度范围为15～42 ℃，最适温度范围为25～35 ℃，相对湿度范围为80%～95%。成虫始见期为6月中旬前，需防止早发、重发。长江中下游地区的梅雨季节多雨，有利于甜菜夜蛾重发。

图2-10 青菜田间甜菜夜蛾为害状

2.2.2 斜纹夜蛾

斜纹夜蛾食性杂，寄生范围极广，主要寄主农作物有瓜类、豆类、叶菜类、茄果类等蔬菜作物，是一种杂食性、间隙性发生的暴食性害虫。

1. 发生

斜纹夜蛾年发生5～6代，世代重叠严重。常年越冬代成虫始见期为5月中旬至6月中旬，12月上旬为终见期。

成虫夜间活动，对黑光灯、频振式灯有趋光性，对糖、醋、酒、发酵豆饼等有趋化性。成虫白天躲藏在植株茂密的叶丛中，黄昏时飞回开花植物，寿命5～15天。

卵多产于老熟叶片的叶背处,卵块上覆盖棕黄色绒毛,呈多层排列。初孵幼虫取食叶肉,留下叶片的表皮。

斜纹夜蛾 2、3 龄幼虫开始逐渐四处爬散或吐丝下坠分散转移取食,4 龄后食量骤增,有假死性及自相残杀现象,生活习性改变为昼伏夜出,白天在植株周围的阴暗处或土缝里潜伏,傍晚后出来取食,可钻入果实和菜球内取食。斜纹夜蛾虫口密度大时可将植株吃光,大发生时幼虫有成群迁移的习性。幼虫老熟后,入土 1～3 cm,作土室化蛹。果实斜纹夜蛾为害状如图 2-11 所示。

图 2-11　果实斜纹夜蛾为害状

2. 为害

斜纹夜蛾生长发育的温度范围为 20～40 ℃,最适温度范围为 28～32 ℃、相对湿度范围为 75%～95%。在 28～30 ℃时卵历期 3～4 天,幼虫期 15～20 天,蛹历期 6～9 天。

田间斜纹夜蛾幼虫的发生高峰期为 8 月下旬至 10 月上旬。成虫始见期为 6 月中旬前,需防止早发、重发。长江中下游地区的梅雨季节多雨,有利于斜纹夜蛾重发。

2.2.3　烟青虫

烟青虫是杂食性害虫,在蔬菜上嗜好的寄主作物中以辣椒受害最重。

1. 发生

烟青虫年发生 4～5 代，世代重叠现象严重，以蛹在辣椒等茄科地的田埂旁石缝、表土中越冬。

成虫昼伏夜出，白天多潜伏在叶背和杂草丛中。卵多散产在辣椒的中上部叶片上、萼片上或花瓣上，植株生长势旺、茂密的甜椒田着卵率高。

初孵烟青虫幼虫先取食卵壳再在植株上爬行觅食花蕾，2 龄幼虫可蛀果为害，3 龄幼虫能转株、转果为害。幼虫老熟后在 3～10 cm 表土层中作土室化蛹。辣椒果实烟青虫为害状如图 2-12 所示。

图 2-12 辣椒果实烟青虫为害状

2. 为害

烟青虫生长发育的温度范围为 18～35 ℃，最适温度范围为 25～28 ℃、相对湿度范围为 75%～90%。烟青虫以幼虫取食花蕾、钻蛀果实，引起花蕾脱落、果实霉烂，影响产量和质量。

2.2.4 小地老虎

小地老虎是杂食性害虫，主要为害春秋播各种蔬菜幼苗，切断幼苗近地面的茎部，造成缺苗断垄。

1. 发生

上海地区小地老虎年发生 4～5 代，是迁飞性害虫，以春季第一代幼虫为害较严重，3 月中下旬进入发蛾盛期。

成虫有趋光性和趋化性，对糖、醋、酒混合液趋性较强。小地老虎产卵偏爱有机质丰富、地面有残留枯黄草茎或草根的土表，有时也产在植株叶片及杂草上。

幼虫 3 龄后白天潜伏在作物或杂草根部附近土中，傍晚起活动，爬到蔬菜秧苗上为害，在土表 2～3 cm 处咬断秧苗嫩茎。幼虫有假死性和自残性，受惊动即蜷缩成环状。

2. 为害

小地老虎生长发育的温度范围为 8～32 ℃，最适温度范围为 15～25 ℃、相对湿度范围为 80%～90%。

小地老虎为害直播的豇豆、菜豆、玉米、萝卜等幼苗最重，切断幼苗近地面的茎部造成缺苗断垄，也可对黄瓜、青菜、茄子、番茄、辣椒、甘蓝等移栽蔬菜造成断苗危害。

2.3　其他害虫发生与为害

2.3.1　瓜绢螟

瓜绢螟属于鳞翅目螟蛾科害虫，是瓜类蔬菜的主要害虫。

1. 发生

瓜绢螟以幼虫为害叶片，取食叶片后使叶片穿孔或缺刻，直至吃光叶片仅存叶脉，如图 2-13 所示。

幼虫可为害瓜果，取食瓜果的表皮成花斑状，或将整个瓜果的表皮吃成麻皮状，之后钻入瓜果内取食皮下瓜果肉，使瓜果腐烂变质。

图 2-13 田间瓜绢螟为害状

瓜绢螟在上海年发生 5 代左右，世代重叠，常年越冬代成虫始见期为 5 月中下旬至 6 月中旬，第五代 11 月中旬起至越冬，在保护地栽培条件下可周年发生。

2. 为害

瓜绢螟成虫夜间活动，趋光性弱，白天潜伏于隐蔽场所或叶丛中。

卵散产或多粒产于叶背处，每头雌虫平均产卵量 300 多粒，初孵幼虫有分散或群集习性，寄生在叶背取食叶肉，使叶片呈灰白色的斑块，3 龄后幼虫可吐丝卷叶为害，遇惊即吐丝下垂，转移他处为害。

幼虫老熟后可在被害的卷叶内作茧化蛹或在根际表土中作茧化蛹。8—10 月为盛发期，6 月梅雨季节多雨有利于瓜绢螟早发。

2.3.2 小菜蛾

小菜蛾属于鳞翅目菜蛾科害虫，主要为害甘蓝、花椰菜、大白菜、萝卜、青菜等，是十字花科蔬菜的重要害虫。

1. 发生

上海地区小菜蛾年发生 12 ～ 14 代，世代重叠现象严重。

小菜蛾成虫有趋光性，对黑光灯、日光灯有较强的趋性，白天躲在植株的荫蔽处，受惊时可短距离低飞。成虫产卵对寄主有选择性，趋于在生长旺盛、含芥子油较高的蔬菜作物上产卵，特别是甘蓝、花椰菜、大白菜受卵量高、为害重。白菜田间小菜蛾幼虫为害状如图 2-14 所示。

图 2-14　白菜田间小菜蛾幼虫为害状

卵多数散产于作物的叶背近叶脉的凹陷处，少数散产于叶片正面和叶柄上。小菜蛾初龄幼虫有半潜叶钻食叶肉的为害习性。2 龄以上幼虫主要取食叶肉，残留上表皮，使叶片产生透明的斑块。

2. 为害

小菜蛾生长发育温度范围为 8 ～ 40 ℃，最适温度范围为 20 ～ 30 ℃、相对湿度为 70% 以下。小菜蛾在 35 ～ 40 ℃ 的高温区仍能生存，但种群繁殖受到明显的抑制。小菜蛾在盛发期内完成一个世代发育，历期 15 ～ 20 天。

2.3.3 菜粉蝶

蔬菜上蝶类害虫主要为菜粉蝶,属于鳞翅目粉蝶科害虫,幼虫又称菜青虫,主要为害甘蓝、花椰菜、白菜、青菜等十字花科蔬菜作物。

1. 发生

上海地区菜粉蝶年发生 8～9 代,以蛹在枯枝残叶、杂草及残余落叶间越冬。

上海地区年内以第 2、3 代发生最重,第 7、8 代其次,其余各代较轻。

菜粉蝶成虫具日出性,在晴天上午 9 时至下午 4 时活动最盛。

2. 为害

菜粉蝶幼虫生长发育的温度范围为 10～34 ℃,最适温度范围为 20～25 ℃。菜粉蝶以幼虫(菜青虫)为害作物,如图 2-15 所示。初孵幼虫到 2 龄前幼虫只啃食叶肉,留下一层表皮。3 龄后幼虫食量显著增大,将菜叶咬成孔洞或吃成缺刻。虫口密度高时,可将叶片吃光,只剩粗叶脉和叶柄。

图 2-15 青菜田间菜粉蝶幼虫为害状

幼虫除食叶为害外,排泄物还污染菜心,取食的伤口容易引发软腐病病菌侵入,导致整株发病腐烂。秧苗被害,常造成无心秧苗,影响包心。

第 3 章

蔬菜常见病害识别与防治

3.1 真菌性病害 / 40
3.2 细菌性和病毒性病害 / 62

3.1 真菌性病害

3.1.1 灰霉病

灰霉病为灰葡萄孢引起的真菌性病害，病菌为害黄瓜、番茄、茄子、莴笋、辣椒等多种蔬菜作物。

1. 识别特征

灰霉病主要为害花、果实、叶片及茎，特别以花萼处最易受病菌侵染。

（1）花染病。灰霉病病菌一般先侵染已过盛花期的残留花瓣、花托或幼果柱头，产生灰白色霉层，然后向幼果或青果发展。

（2）果实染病。被害部果皮先呈灰白色、软腐，病部长出大量灰绿色霉层，果实失水后僵化。

灰霉病主要为害幼果和青果，染病后一般不脱落，如图 3-1 所示。在田间一般植株下部的第一塔果（果穗）最易发病且受害重，植株中上部的果（果穗）相对发病较轻。

图 3-1　番茄灰霉病病果

（3）叶片染病。多从叶缘开始，病斑呈 V 形向内扩展，初为水渍状小点，后扩展为长椭圆形或长条形病斑。

湿度大时，灰霉病病斑上长出灰褐色霉层，如图 3-2 和图 3-3 所示。严重时，灰霉病可引起病部以上植株枯死。

图 3-2　菠菜灰霉病病叶

图 3-3　扁豆灰霉病病叶

（4）茎染病。茎通常在节部发病，灰霉病病部表面灰白色，密生灰霉，如图3-4所示。发病重时，病斑环绕节部，使发病部位以上的叶片和茎呈萎蔫状。从幼苗期至成株期均可发生灰霉病，发病初始时产生水渍状小斑，扩展后为长椭圆形。

图3-4　茄子灰霉病病茎

发病末期可使整叶全部枯死，发病严重时可引起植株下部大部分叶片枯死。

2. 防治方法（见表3-1）

表3-1　防治方法

防治方法	说明
农业防治	◎ 设施蔬菜棚内生产蔬菜采用生态防治法，要加强通风，阴天适时打开通风口换气。畦面做成鱼背式的深沟高畦，确保浇水时畦面不积水。在雨季前，抓好温室、中棚四周清理沟系工作，防止雨后积水，降低地下水位和棚室内湿度 ◎ 追肥浇水应选择在晴天上午，发病初期适当节制浇水。发病后及时摘除灰霉病病果、病叶和侧枝，带出棚外集中处理，防止传染。蘸花处理时顺手摘除残留花冠，保持田园清洁
药剂防治	在灰霉病发病前或发病初期开始施药，重病田视病情发展，必要时增加用药次数

 特别提示

> **防治技巧**
>
> 植株进入始花期时叶片进入发病始见期。灰霉病发病特点为"随花而来、终花而去"。盛花期叶片进入发病始盛期,花果进入发病始见期,坐果期为发病盛期,以始花为第一次防治适期。

3.1.2 白粉病

白粉病为害黄瓜、南瓜、丝瓜、豆类、番茄等多种蔬菜作物,苗期至收获期均可发病,以生长后期更易发生。

1. 识别特征

叶片发病最重,叶柄、茎次之,果实受害小。

(1)叶片染病。白粉病从植株下部叶片开始发生,在叶面(或叶背)及茎上产生白色近圆形星状小粉斑,以叶面居多(见图 3-5),然后向四周扩展成边缘不明显的连片白色粉末。白粉病发病叶片的细胞和组织被侵染后并不迅速死亡,受害部分叶片抹去粉层一般只表现为褪绿或变黄。

图 3-5 白粉病病叶

白粉病发病严重时，整叶布满白粉，如图3-6所示。发病后期，白色霉斑因菌丝老熟变为灰色，病叶枯黄。有时白粉病病斑上长出成堆的黄褐色小粒点，之后变黑，即病菌的闭囊壳，发病末期病叶组织变为黄褐色而枯死。

图3-6　白粉病发病严重症状

（2）叶柄和茎染病。叶柄和茎上密生白色粉状霉层，霉层连接成片。

2. 防治方法（见表3-2）

表3-2　防治方法

防治方法	说明
农业防治	◎ 选高畦种植，合理密植，有利于通风透光，同时开好排水沟，降低田间湿度，增强植株生长势，提高抗病性 ◎ 保护地栽培要适当控制浇水量，晴天尽量增加开棚通风换气时间，阴天应适当短时间开棚换气降湿。清理棚内或田间的上茬植株和各种杂草后再定植，以减少白粉病的中间寄主 ◎ 及时摘除下部病叶、老叶，以利于通风透光，减少田间白粉病菌源。收获后及时清除病残体，带出田外深埋或烧毁，深翻土壤加速病残体的腐烂分解

续表

防治方法	说明
药剂防治	预防为主,在白粉病发病初期开始喷药。所选用的农药要注意轮换或交替用药,以喷雾防治为主,喷雾均匀周到,增强防治效果

3.1.3 霜霉病

霜霉病为真菌性病害,苗期、成株期均可发病,主要为害黄瓜、白菜、西蓝花、生菜、菠菜等蔬菜作物叶片。

1. 识别特征

(1)叶片染病。由下部叶片向上蔓延,叶缘或叶背面出现水渍状病斑,如图 3-7 所示。早晨尤为明显,随着湿度下降,水浸状病斑消失,若干天后形成明显病斑。

图 3-7 霜霉病初期叶背水渍状病斑

霜霉病病斑受叶脉限制,呈多角形淡褐色或黄褐色斑块。叶背病斑呈黄褐色,叶面病斑褪绿呈淡黄色,边缘明显,多个病斑可汇合成小片,如图 3-8 所示。

图 3-8 霜霉病叶面

湿度大时，霜霉病叶背或叶面上长出灰黑色霉层，这种病症可区别细菌性角斑病。发病严重时，全叶变为黄褐色、干枯、卷缩，病部不穿孔、不腐烂，如图 3-9 所示。

图 3-9 黄瓜叶片霜霉病发病严重症状

（2）苗期染病。子叶叶背产生不规则褪绿枯黄斑，潮湿时叶背病斑上产生灰黑色霉层，子叶变黄干枯。

2. 防治方法（见表3-3）

表3-3 防治方法

防治方法	说明
农业防治	◎ 选择地势较高、通风透光、排水良好的地块进行深沟高畦栽培。施足底肥、增施磷钾肥提高植株抗病性，生长前期适当控制浇水 ◎ 雨前抓好清理沟系工作防止雨后积水，雨后修补沟系降低地下水位和棚内湿度，控制霜霉病发病环境 ◎ 保护地栽培适时通风换气，并及时开棚通风降湿，减少白天棚内雾气，创造有利于植株生长而不利于霜霉病病害发生的环境 ◎ 摘除下部老叶、病叶，增加田间通风透光，清洁田园，减少再侵染菌源
药剂防治	预防为主，早春于清晨露水未干时在叶背查见霜霉病水浸状病斑，此时为发病初期，可以开始喷药。以喷雾防治为主，选用相关认定机构和当地农业技术主管部门推荐名录中的农药，适时适量针对性用药，喷雾均匀周到，增强防治效果

3.1.4 菌核病

菌核病由子囊菌亚门真菌核盘菌侵染所致，主要为害茄子、番茄、甜椒、黄瓜、豇豆、蚕豆、豌豆、马铃薯、胡萝卜、菠菜、芹菜、卷心菜等多种蔬菜作物，早熟栽培及棚室种植发病较重。

1. 识别特征

菌核病主要为害茎、叶、花和果实，苗期和成株期均可感病。

（1）茎染病。发病部位主要在茎基部和侧枝基部，如图3-10所示。菌核病发病初期产生水渍状斑，扩大后呈淡褐色，稍凹陷。田间高湿时，病部产生白色棉絮状菌丝，茎秆内部受破坏，腐烂而中空，剥开可见黑色菌核，干燥后表皮易破裂。

（2）叶染病。染病初呈水渍状斑，扩大后为褐色近圆形斑，病部软腐，并产生白色棉絮状菌丝，干燥时表皮易破裂，如图3-11所示。

（3）花染病。花染病后呈水渍状湿腐，褐色，易脱落。

图 3-10 辣椒菌核病病茎

图 3-11 黄瓜菌核病病叶

（4）果实染病。发病初始时在幼果脐部或向阳部分产生水渍状腐烂，扩展后褐色稍凹陷，如图 3-12 所示。果表菌核病病部长白色棉絮状菌丝，如图 3-13 所示，之后形成黑色粒状菌核。

图 3-12 番茄菌核病病果

图 3-13 黄瓜菌核病病果

2. 防治方法（见表3-4）

表3-4　防治方法

防治方法	说明
农业防治	◎ 清除菌核病菌核。清除混杂在种子中的菌核，避免将菌核随种子播入苗床。清洁田园，及时摘除老叶。发现菌核病病株及时拔除，或剪去病枝、病果，带出棚外集中处理。收获后，彻底清除病残体，深翻土壤，防止菌核萌发出土 ◎ 实行轮作。菌核病发病地块实行与水生蔬菜、禾本科作物及葱蒜类蔬菜2～3年轮作 ◎ 培育壮苗。苗床定期适时用药防治，秧苗移栽前一定要做到带药移栽，不移栽病苗、弱苗 ◎ 保护地栽培棚内采用地膜覆盖，阻止菌核病菌出土，减少菌源。合理控制浇水和施肥量，浇水时间宜在上午，并及时开棚降湿。在春季寒流侵袭前，及时加盖小环棚塑料薄膜，并在棚室四周盖草帘，防止植株受冻诱发病害
药剂防治	控制棚内温湿度，及时通风排湿，尤其要防止夜间棚内湿度迅速升高，这是防治菌核病的关键措施，再适时适量针对性用药，喷雾均匀周到，增强防治效果

3.1.5　炭疽病

炭疽病主要为害丝瓜、番茄、茄子、辣椒、菠菜、大葱、白菜、甘蓝、萝卜、黄瓜、西瓜、甜瓜等多种农作物。

1. 识别特征

炭疽病主要为害叶片、叶柄和果实，苗期和成株期均可发病。

（1）叶片染病。初期产生灰白色水渍状小点，扩大后病斑为近圆形或不规则形，淡褐色，边缘深褐色，如图3-14所示。在发生严重时，炭疽病病斑连成片，形成不规则大病斑，叶片干枯。在潮湿时，叶面生出粉红色黏稠物。

（2）叶柄染病。病部产生黄褐色长条形病斑，稍凹陷。

（3）果实染病。病部初呈水浸状凹陷，扩大后为黄褐色椭圆形病斑，病部长出小黑点，后期开裂，湿度大时病部表面生粉红色黏稠物，如图3-15所示。

第 3 章 蔬菜常见病害识别与防治

图 3-14 大豆炭疽病病叶

图 3-15 辣椒炭疽病病果

（4）苗期染病。子叶边缘产生淡褐色稍凹陷病斑，半圆形或椭圆形，外围常有黑褐色晕圈。病害发展到茎基部呈黑褐色且缢缩，使幼苗因茎折倒而枯死。

2. 防治方法（见表3-5）

表3-5　防治方法

防治方法	说明
农业防治	◎ 从无病植株上采收种子，种子育苗前可用54 ℃温水浸种5 min，然后立即移入冷水中冷却 ◎ 实行2年以上与非同类作物的轮作，以减少田间炭疽病病菌来源 ◎ 采用高畦栽培，注意清沟排水 ◎ 合理密植，施足基肥，增施磷钾肥，保持植株健壮和良好的通风透光条件 ◎ 收获后及时清除病残体，深翻土壤加速病残体的腐烂分解 ◎ 重病区适期晚播，避开高温多雨季节
药剂防治	预防为主，在炭疽病发病初期开始喷药，选用的农药要注意轮换或交替用药，以喷雾防治为主

3.1.6　猝倒病

在蔬菜育苗过程中常易发生猝倒病，造成秧苗死亡。

1. 识别特征

猝倒病主要为害未出土或刚出土不久的幼苗，病菌侵染幼苗的茎部，如图3-16所示。

图3-16　猝倒病病苗

在幼苗受害后，茎基部或根茎部出现黄色水渍状病斑，随着病情的发展转变为黄褐色，病部绕茎一周后缢缩成线状，往往子叶未变色凋萎，幼苗即突然折倒而贴伏地面。

猝倒病染病也有幼苗外观与健苗无异，但贴伏土面不能挺立，这是因为其茎基部已干缩成线状。猝倒病区别于立枯病；立枯病发病于幼苗茎部，初期白天叶片萎蔫，晚间恢复，几天后叶片萎蔫不能恢复，发病后期茎部因干缩而干枯死亡，不猝倒。

2. 防治方法（见表3-6）

表3-6 防治方法

防治方法	说明
农业防治	◎ 水旱轮作减轻猝倒病这种土传病害的为害 ◎ 选择避风向阳的高平地作为苗床，并开深沟以利于排水和降低地下水位 ◎ 选无病土做营养土，营养土中的有机肥要充分腐熟，营养钵或育苗盘浇水要待水充分渗下后才能播种 ◎ 基肥要用充分腐熟的有机肥，出苗后严格控制温度、湿度及光照，可结合炼苗揭膜、通风、排湿，合理控制苗床的温湿度培育壮苗 ◎ 播种后保温，特别是在寒流侵袭时更应注意夜间覆盖保温，中午、晴天等温度较高时要及时炼苗，防止徒长 ◎ 肥水要小水小肥轻浇，同时要注意通风换气，换气口要不断变换使床温均匀下降，做到既不使苗床内热量失散过多，又要达到降低苗床内湿度的目的，搭秧后水分要得当，并及时中耕松土，促进发根，提高植株抗病性
药剂防治	防控猝倒病应采取"预防为主、综合防治"的措施，在猝倒病发病初期开始喷药，适时适量针对性用药，喷雾均匀周到

3.1.7 叶霉病

1. 识别特征

叶霉病主要为害叶片，也能为害茎、果柄、花和果实，苗期至成株期均可发病。

（1）叶片染病。叶霉病发病初始时在叶片正面出现淡黄色斑，椭圆形或不规则形，边缘无明显拮抗反应,随后在叶片背面长出霉层,初为灰白色,后为灰紫色,如图3-17所示。

图3-17　番茄叶霉病叶面

在发病严重时,叶片病斑密集、发黄、向内卷曲,最后干枯,提早脱落,如图3-18所示。叶霉病一般从病株下部成熟叶片开始发病,并逐渐向上部叶片蔓延。

图3-18　番茄叶霉病叶背严重发病

（2）茎、果柄和花染病。在嫩茎及果柄上初为灰白色，后为灰紫色或带有绿褐色的霉层，并可延及花部，引起花器凋萎或幼果脱落。

（3）果实染病。先在绿果上产生暗黑色革质的斑块，后期转变为灰白色，病斑表面密生黑褐色的霉层。

（4）苗期染病。植株下部叶片的叶面产生淡黄色斑，扩大后病部叶背产生灰白色至灰紫色霉层。幼苗生长缓慢，易早衰。

2. 防治方法（见表3-7）

表3-7 防治方法

防治方法	说明
农业防治	◎ 在叶霉病发病初期及时整枝打杈，摘除病叶、老叶，减少田间再侵染病源 ◎ 采用以降低湿度为关键的小肥小水勤浇的科学肥水管理栽培技术，并注意加强开棚通风换气控制叶霉病发病。雨季来临前开好排水沟系，防止雨后积水 ◎ 利用设施栽培棚调控温度方便的优势，回避叶霉病发病适宜温度，特别是利用晴天中午前后关棚升温、晚上开棚降温，在不影响蔬菜生长的前提下创造不利于叶霉病发生的温度环境，达到生态调节温控抑病的目的
药剂防治	防治适期为病害初发阶段。在叶霉病发病初期开始喷药，重病田视病情发展，必要时增加用药次数

3.1.8 疫病

1. 识别特征

疫病主要为害茎、叶片和果实，苗期和成株期均可染病。

（1）茎染病。多在茎基部发生，发病初始时产生暗绿色水渍状斑，扩大后病斑绕茎一周，疫病病部明显缢缩，呈黑褐色，似条斑，造成病部以上枝叶逐渐枯萎。田间湿度大时，病部产生白色霉层。

（2）叶片染病。初始时产生暗绿色水渍状斑，扩大后病斑为圆形或不规则形，边缘黄绿色，中央深褐色，如图3-19所示。叶片染病枯萎后易脱落。

图 3-19　黄瓜疫病叶片症状

（3）果实染病。近地面的果实易发病，初始时产生暗绿色水渍状斑，扩展后软腐，呈褐色。

（4）苗期染病。在苗期染病后，发病初始时在幼苗生长点及嫩茎部产生水浸状暗绿色斑，病株开始萎蔫，如图 3-20 所示。病情发生严重时，幼苗很快萎蔫枯死，但不倒伏。

图 3-20　黄瓜苗期疫病症状

2. 防治方法（见表3-8）

表3-8 防治方法

防治方法	说明
农业防治	◎ 疫病发病田实行与非同科作物2～3年轮作 ◎ 合理密植，科学施肥，控制浇水量，切忌大水漫灌，开好排水沟系，防止雨后积水引发疫病 ◎ 及时拔除疫病病株并带出田外深埋或烧毁，收获后清除病残体并翻耕土壤加速病残体的腐烂分解，减少再侵染菌源
药剂防治	在出现疫病中心病株的发病初期开始用药浇根防治，每隔7～10天用药1次，连续2～3次。重病田视病情发展，必要时增加用药次数

3.1.9 枯萎病

枯萎病主要为害茄果类、瓜类蔬菜作物。

1. 识别特征

枯萎病主要为害根茎部，苗期和成株期均可发病。

（1）根茎染病。发生于茎蔓基部，发病初期呈水浸状，后茎蔓基部软化缢缩，病部粗糙纵裂，表面常有琥珀色脓胶状物溢出，潮湿时病部常生出粉红色霉层，即病菌的分生孢子梗和分生孢子。

病茎纵切面上的维管束变褐色，病部组织受病菌为害阻碍植株正常水分供应引起萎蔫。病害发生表现过程是初始时植株叶片中午萎蔫下垂，早晚又恢复正常，叶色变淡似缺水状，反复数天后逐渐遍及整株叶片萎蔫下垂，叶片不再复原，最后全株枯死。

（2）苗期染病。生长点呈失水状，子叶发黄，萎垂干枯，茎基部缢缩，变褐腐烂，易造成植株猝倒状枯死。

2. 防治方法（见表3-9）

表3-9　防治方法

防治方法	说明
农业防治	◎ 避免连作，与非本类蔬菜作物实行3年以上轮作，也可实行水旱轮作，以减少田间枯萎病病菌来源 ◎ 高畦地膜栽培，施用充分腐熟的有机肥，控制氮肥用量，增施磷钾肥及微量元素肥，雨后及时开沟排水，增强植株抗性。中管棚及连栋大棚保护地设施栽培适当控制浇水，晴天尽量增加开棚通风换气时间，阴天也应适当短时间开棚换气降湿，抑制病害发展，防止引发枯萎病流行
药剂防治	在零星枯萎病病株的发病初期开始用药，用药间隔期7~10天，连续防治2~3次。重病田视病情发展，必要时增加用药次数

3.1.10　晚疫病

晚疫病主要为害番茄、马铃薯等蔬菜作物。

1. 识别特征

晚疫病主要为害叶片和果实，也能为害茎和叶柄，苗期至成株期均可染病。

（1）叶片染病。从下部老熟叶片开始发病，发病初始时叶片的叶尖或边缘产生水渍状斑，扩大后病斑为不规则形，呈褐色，条件适宜时病势发展迅速，使叶片腐烂。田间湿度大时，病部周缘产生一层白色霉层，即晚疫病病菌的孢囊梗和孢子囊。

（2）果实染病。多在青果附近果柄处产生灰绿色水渍状硬斑块，褐色至黑褐色，稍凹陷，潮湿时病部长出白色霉层，如图3-21所示。病果质地硬实，不软腐，易脱落。

（3）茎和叶柄染病。出现暗绿色水渍状斑，扩大后病斑为暗绿色，稍凹陷，如图3-22所示。在田间湿度高时，病斑周围产生一层白色霉层。

（4）苗期染病。病斑由叶片向主茎蔓延，嫩茎部缢缩腐烂，病部以上枝叶枯死。湿度大时病部表面产生白色霉层。

图 3-21 番茄晚疫病病果

图 3-22 番茄晚疫病病茎

2. 防治方法（见表3-10）

表3-10 防治方法

防治方法	说明
农业防治	◎ 深沟高畦栽培，合理密植，雨后及时排水，降低地下水位 ◎ 施足基肥，增施磷钾肥，促使植株生长健壮，增强抗逆能力 ◎ 及时整枝打杈，摘去老叶、病叶、病果，以利于通风透光，减少田间晚疫病菌源。收获后及时清除病残体，带出田外深埋或烧毁，深翻土壤加速病残体的腐烂分解 ◎ 保护地栽培要适当控制浇水，晴天尽量增加开棚通风换气时间，阴天也应适当短时间开棚换气降湿，避免棚内湿度过大导致叶片结露引发晚疫病
药剂防治	在晚疫病发病初期开始喷药防治，每隔7～10天喷1次，连续喷3～4次。重病田视病情发展，必要时增加用药次数

3.1.11 早疫病

早疫病主要为害番茄、茄子、辣椒、马铃薯等茄科蔬菜作物。

1. 识别特征

早疫病主要为害叶片，也能为害茎、叶柄和果实，苗期至成株期均可染病。

（1）叶片染病。发病初始时产生暗褐色小斑，随后扩大为圆形或不规则形病斑，中央为灰褐色，边缘为深褐色，外围有黄色晕环，病部有明显的同心轮纹突起，如图3-23所示。病害一般从植株下部叶片开始发病，逐渐向上部叶片蔓延，严重时造成植株下部叶片变黄干枯脱落，仅剩上部叶片。

在田间湿度高时，早疫病病斑上有黑色霉状物，即病菌的分生孢子梗和分生孢子。

（2）茎染病。病斑一般在分枝处发生，产生椭圆形或不规则形灰褐色病斑，病部具同心轮纹，稍凹陷，病部表面生灰黑色霉状物。发病严重时，可造成断枝。

（3）叶柄染病。产生椭圆形轮纹斑，呈灰褐色凹陷状，病部表面生灰黑色霉状物，易折断。

（4）果实染病。病斑多在蒂部附近或裂缝处，病部为灰褐色圆形或椭圆形病斑，稍凹陷，边缘明显，表面有同心轮纹并长出黑色霉状物。后期果实开裂，病部较硬，有时脱落。

（5）幼苗染病。为害根茎部，形成小脚苗，严重时成立枯状，造成死苗。

图 3-23　早疫病叶片症状

2. 防治方法（见表 3-11）

表 3-11　防治方法

防治方法	说明
农业防治	◎ 用无病新土苗床育苗，适时炼苗、移苗、分苗，提高幼苗抗病性。施足基肥，增施磷钾肥，促使植株生长健壮，增强抗逆能力 ◎ 深沟高畦种植，雨后清沟排水，降低地下水位和田间湿度。早晚尽量增加适当的开棚通风换气时间，遇连续低温阴雨天更应注意适当短时间开棚换气降湿，避免棚内湿度过大引发早疫病 ◎ 中管棚或连栋大棚保护地栽培要合理密植，肥水科学管理，控制大水大肥浇施。及时整枝打杈，摘去老叶、病叶，以利于通风透光，减少田间早疫病菌源。收获后要及时清除病残体
药剂防治	早疫病发病始盛期前开始喷药预防，用药防效取决于适时用药和加强栽培管理

3.2 细菌性和病毒性病害

3.2.1 细菌性角斑病

细菌性角斑病是由假单胞菌引起的斑点性病害,主要为害黄瓜、番茄、辣椒、白菜、甘蓝、豆角等多种蔬菜作物。

1. 识别特征

细菌性角斑病主要为害叶片和瓜条。

(1)叶片染病。先侵染下部老熟叶片,随后逐渐向上部叶片发展。发病初始时病斑为水渍状浅绿色,后变淡黄色至褐色,因受叶脉限制呈多角形,后期病斑呈灰白色,易穿孔,如图3-24所示。

图 3-24 细菌性角斑病病叶

在田间高湿时,叶背病部产生乳白色混浊黏液,干燥时叶背菌脓脱水形成白痕,病部质脆,破裂会造成穿孔,如图3-25所示。

第 3 章 蔬菜常见病害识别与防治

图 3-25 细菌性角斑病病叶叶背

（2）瓜条染病。病斑初呈水渍状，近圆形，随后呈淡灰色，病斑中部常产生裂纹，潮湿时产生菌脓。

后期病菌侵染果肉组织，使果肉变色、腐烂、有臭味，并使种子带菌。

2. 防治方法（见表 3-12）

表 3-12　防治方法

防治方法	说明
农业防治	◎ 从无病留种株上采收种子，选用无病种子，用无菌土育苗。商品种子在播前要做好种子处理 ◎ 细菌性角斑病重发病地块实行 2 年以上轮作，及时清洁田园以减少田间病菌来源 ◎ 高垄栽培、铺设地膜、控制浇水次数、降低田间湿度、保护地及时通风、雨季及时排水
药剂防治	在细菌性角斑病发病初期开始喷药，用药安全间隔期 7～10 天，连续喷药 3～4 次。重病田视病情发展，必要时增加用药次数。注意药剂的轮换或交替使用

3.2.2 病毒病

蔬菜病毒病主要由烟草花叶病毒、马铃薯花叶病毒、黄瓜花叶病毒感染所致。

1. 识别特征

（1）花叶型。主要发生在植株上部叶片，叶片上出现黄绿相间或叶色深浅相间的花叶症状，叶色褪绿，叶面稍皱，植株矮化，如图3-26所示。新生叶片偏小、皱缩、明脉、叶色偏淡。

图3-26 病毒病花叶症状

（2）蕨叶型。植株一般明显矮化，节间缩短，中下部叶片向上微卷，花瓣加长增厚，上部叶片叶肉组织退化，叶片部分或全部仅存主脉，叶片细长或线状，如图3-27所示。

（3）条斑型。主要发生在茎、叶、果实上。

在茎染病时，初期产生暗绿色的短条斑，扩大后为褐色、长短不一的条斑，并逐渐蔓延，严重时引起部分枝条或全株枯死。

在叶片染病时，形成褐色云纹状或线条状病斑。

在果实染病时，产生淡褐色稍凹陷病斑，着色不均匀、畸形，病果易脱落。

（4）丛生型。顶部及叶腋长出的丛生分枝增多，叶片呈线状、色淡、畸形。病株不结果或结果少，所结果实坚硬，呈圆锥形。

图 3-27 病毒病蕨叶症状

（5）卷叶型。叶片边缘向上卷曲，叶脉间黄化，小叶似球形、畸形、卷曲，植株萎缩。

（6）黄顶型。植株顶部叶片出现褪绿色或黄化，叶小，叶面皱缩，病叶中部稍突起，边缘卷曲。植株矮小，分枝增多。

2. 防治方法（见表 3-13）

表 3-13　防治方法

防治方法	说明
农业防治	◎ 从无病毒病留种株上采收种子，选用无病种子。商品种子在播前要做好种子处理 ◎ 病毒病重发病地块提倡与非本科蔬菜实行 2～3 年轮作，以减少田间病毒来源 ◎ 收获后及时清除病残体，带出田外集中处理，深翻土壤加速病残体的腐烂分解 ◎ 适时播种，培育壮苗，不移栽病苗、弱苗，合理密植，施足基肥，加强肥水管理，促进植株健壮，提高作物抗病毒病能力 ◎ 农事操作中接触过病株的手和农具应用肥皂水冲洗消毒，吸烟菜农在肥皂水洗手后再进行农事操作，防止病毒病接触传染
药剂防治	◎ 在蚜虫发生初期及时用药防治，防止蚜虫传播病毒 ◎ 在病毒病发病前或发病初期施药预防，减少田间病毒基数，增强植株抗性

第 4 章

蔬菜常见虫害识别与防治

- 4.1 鳞翅目害虫 / 68
- 4.2 同翅目害虫 / 76
- 4.3 螨类害虫 / 80
- 4.4 其他害虫 / 84

4.1 鳞翅目害虫

4.1.1 小菜蛾

小菜蛾主要为害甘蓝、白菜、青菜、花椰菜、萝卜等十字花科蔬菜。

1. 识别特征

（1）成虫。成虫体长6～7 mm，灰褐色，前后翅缘有黄白色三度曲折的波纹，两翅合拢时形成三个接连的菱形斑。

（2）卵。卵椭圆形、扁平、淡黄色，多数为单粒产，大多产于叶背靠叶脉的凹处。

（3）幼虫。幼虫共4龄，体长8～10 mm，体色黄绿色或深绿色，两头尖细，体上有稀疏、长而黑的刚毛，如图4-1所示。

图4-1 小菜蛾幼虫

（4）蛹。蛹长5～8 mm，老熟幼虫在叶背吐丝编织的稀薄灰白色网状虫茧中化蛹，如图4-2所示。老熟幼虫化蛹初期为淡黄绿色，随后变为灰褐色。

图 4-2 小菜蛾蛹

2. 防治方法（见表 4-1）

表 4-1 防治方法

防治方法	说明
农业防治	◎ 十字花科蔬菜收获后及时翻耕灭茬或处理残枝落叶，防止残存小菜蛾虫源繁殖，减少田间虫口基数 ◎ 合理布局，尽量避免十字花科蔬菜周年连作栽培
物理防治	小菜蛾有趋光性，在成虫发生期设置黑光灯或杀虫灯诱杀，减少成虫产卵机会，从而减少虫源
生物防治	可释放人工繁殖的绒茧蜂、赤眼蜂等小菜蛾天敌昆虫进行防治
药剂防治	在幼虫 2 龄发生盛期防治，可与菜青虫、斜纹夜蛾、甜菜夜蛾等兼治

小菜蛾抗药性强，提倡生物防治，减少化学农药的使用。在使用化学农药防治时，切忌单一种类农药常年连续使用，要轮换或交替使用，减缓抗药性产生。

4.1.2 甜菜夜蛾

甜菜夜蛾以幼虫食害叶片，严重时可吃光叶片，4 龄以上幼虫还可钻食甜椒、番茄果实和甘蓝、大白菜等菜球，造成落果、烂果、烂菜等。

1. 识别特征

（1）成虫。成虫体长 10～14 mm，翅展 25～34 mm，灰褐色，前翅中央近前缘外方有肾状纹 1 个，内方有环形纹 1 个，如图 4-3 所示。

图 4-3　甜菜夜蛾成虫

（2）卵。卵馒头状，块产，表面有白色鳞片状的覆盖物。

（3）幼虫。幼虫一般共 5 龄，少数有 6 龄。幼虫体长 20～24 mm，体色多变，多为绿色，体侧有一条黄白色体线，各节气门后方有一白色斑纹，如图 4-4 所示。

图 4-4　甜菜夜蛾幼虫

(4) 蛹。蛹长 10 mm 左右，黄褐色，有一对臀刺，臀刺基部有两根刚毛。

2. 防治方法（见表 4-2）

表 4-2 防治方法

防治方法	说明
农业防治	◎ 结合农事操作，看到卵块或刚孵化的幼虫在未分散的叶片上时将叶片人工摘除 ◎ 十字花科蔬菜换茬时及时深耕灭蛹，减少虫源
物理防治	甜菜夜蛾成虫有趋光性，在成虫发生期设置杀虫灯诱杀成虫可以降低田间虫源，减少产卵机会
生物防治	可释放人工繁殖的绒茧蜂、赤眼蜂等甜菜夜蛾天敌昆虫进行防治
药剂防治	◎ 根据甜菜夜蛾昼伏夜出习性，防治时傍晚喷药可增强防治效果 ◎ 适期防治（在幼虫 2 龄未分散为害时防治），未分散时集中喷施可大大增强防治效果，这是利用甜菜夜蛾在 2 龄分散为害前抗药性低的特性 ◎ 所选药剂要轮换或交替使用，以防害虫产生抗药性

 **特别提示**

> **防治技巧**
>
> 在低龄幼虫分散为害前，傍晚 6 时以后害虫上叶片取食时施药，这是增强防治效果的关键技术措施。药液直接喷到虫体上起触杀作用，药液喷到蔬菜作物上被害虫食用起胃毒作用。触杀、胃毒作用并进，在斜纹夜蛾高龄高食量前实施药剂防治可增强毒杀效果。

4.1.3 斜纹夜蛾

斜纹夜蛾主要为害甘蓝、花椰菜、芦笋、大葱、大白菜，以及豆类、瓜类等几十种蔬菜。斜纹夜蛾幼虫食性杂，寄主植物广泛，是蔬菜的主要害虫。

1. 识别特征

（1）成虫。成虫体长 14～20 mm，如图 4-5 所示。前翅灰褐色，内横线和外横线呈灰白色、波浪形，有白色条纹，环状纹不明显，肾状纹前部呈白色、后部呈黑色，环状纹和肾状纹之间有 3 条白线组成明显的较宽斜纹，自翅基部向外缘还有一条白纹。后翅白色，外缘暗褐色。

图 4-5　斜纹夜蛾成虫

（2）卵。卵半球形，直径约 0.5 mm，初产时呈黄白色，孵化前呈紫黑色，表面有纵横脊纹，数十至上百粒集成卵块，表面覆盖棕黄色的疏松绒毛，似馒头状。

（3）幼虫。幼虫共 6 龄，体长 35～47 mm，体色多变，多为灰褐色，从中胸到第 9 腹节有三角形黑斑 1 对，其中第 1、第 7、第 8 腹节上的黑斑最大，如图 4-6 所示。

图 4-6　斜纹夜蛾幼虫

（4）蛹。蛹长 15～20 mm，赭红色，有一对强而短的臀刺。

2. 防治方法（见表 4-3）

表 4-3 防治方法

防治方法	说明
农业防治	◎ 结合农事操作，看到斜纹夜蛾卵块或刚孵化的幼虫在未分散的叶片上时将叶片人工摘除 ◎ 在十字花科蔬菜换茬时，及时深耕灭蛹，减少虫源
物理防治	成虫有趋光性，在成虫发生期设置黑光灯或杀虫灯诱杀减少虫源和产卵量
生物防治	可释放人工繁殖的绒茧蜂、赤眼蜂等斜纹夜蛾天敌昆虫进行防治
药剂防治	根据斜纹夜蛾昼伏夜出的习性，在防治时傍晚喷药可增强防治效果。所选药剂要轮换或交替使用，以防害虫产生抗药性

 特别提示

防治技巧

防治适期掌握在斜纹夜蛾幼虫 2 龄未分散为害时，因为斜纹夜蛾在 2 龄分散为害前抗药性低，而且未分散时集中喷施可大大增强防治效果。

4.1.4 烟青虫

1. 识别特征

（1）成虫。成虫体长 15～18 mm，翅展 27～35 mm，如图 4-7 所示。前翅黄褐色，斑纹清晰，翅脉褐色，内横线是褐色的波浪形双线，中横线呈褐色、圆弧形向外斜伸至中室下角再折向内斜，外横线是褐色双线，内侧线向内斜伸，环状纹呈黄褐色、近圆形、中央有褐色圆形斑纹，肾状纹为褐色圈、圈中有大形褐斑。后翅黄褐色，外缘有宽条的褐色带状纹，外侧中部有圆弧形内凹斑纹。

图 4-7　烟青虫成虫

（2）卵。卵馒头形，直径 0.4～0.5 mm，卵壳上有网状花纹，初产时为黄色或黄绿色，孵化前变为淡紫灰色。

（3）幼虫。幼虫一般共 6 龄，少数个体为 5 龄或 7 龄。气门上下两端较圆，气门片一般为褐色，体上小刺呈圆锥状小点，如图 4-8 所示。

图 4-8　烟青虫幼虫

（4）蛹。蛹的第 5～7 腹节前缘的刻点较小而密，腹部末端的 2 根臀刺基部相距较近，臀刺尖端略弯。

2. 防治方法（见表4-4）

表4-4 防治方法

防治方法	说明
农业防治	◎ 冬季深耕土地，破坏土中蛹室，杀灭越冬蛹 ◎ 合理密植，加强肥水调控管理，防止生长过旺诱虫重发 ◎ 在采收时摘除虫果，杀灭幼虫
生物防治	在烟青虫盛发期的卵高峰后3～4天和10～12天连续用苏云金杆菌（Bt）粉剂喷雾防治2次

 **特别提示**

防治技巧

在烟青虫卵孵盛期适期防治，重点喷药部位为植株中上部的嫩枝、嫩叶、花蕾、幼果。

4.1.5 小地老虎

小地老虎主要为害春秋播的各种蔬菜幼苗，如萝卜、豇豆、菜豆、玉米、茄子、番茄等多种蔬菜作物。

1. 识别特征（见表4-5）

表4-5 识别特征

虫态	识别特征
成虫	体长17～23 mm，深褐色。前翅有内外均为双条黑色的横线，将翅分成3段，翅上具有环形斑、肾状斑，外侧有黑色三角形斑纹。后翅灰白色无斑纹。腹部灰色
卵	卵长约0.5 mm，馒头形，初产时为乳白色，随后变为米黄色、粉红色，孵化前转为灰黑色

虫态	识别特征
幼虫	体长 37～45 mm。头部褐色，具黑褐色不规则网纹。体灰褐色至暗褐色，体表粗糙且分布大小不一、彼此分离的颗粒。臀板黄褐色，有 2 条明显的深褐色纵带
蛹	长 18～24 mm，赤褐色，有光泽

2. 防治方法（见表 4-6）

表 4-6　防治方法

防治方法	说明
农业防治	早春清洁田园，清除菜地及周围杂草，减少小地老虎产卵机会，晚秋翻晒土地及冬灌可杀死部分越冬蛹
物理防治	利用小地老虎的趋性，用黑光灯或糖醋酒液（糖 4 份、醋 3 份、白酒 1 份、水 10 份）诱杀越冬代成虫
药剂防治	小地老虎具昼伏夜出的习性，在傍晚进行防治可增强防治效果。在小地老虎卵孵盛期至低龄幼虫期用药防治效果更佳

4.2　同翅目害虫

4.2.1　蚜虫

蚜虫（见图 4-9）的种类很多，主要有桃蚜、萝卜蚜、甘蓝蚜、棉蚜、豆蚜、瓜蚜等。蚜虫主要为害白菜、卷心菜、青菜、萝卜等十字花科蔬菜作物，还为害茄果类、瓜类、豆类等多种作物。

第4章 蔬菜常见虫害识别与防治

图 4-9　蚜虫

1. 识别特征（见表 4-7）

表 4-7　识别特征

虫态	识别特征
成虫	有翅蚜体长 1.2～2.4 mm，大多有翅雌蚜虫体比有翅雄蚜大，体色有绿色、黑绿色、黄绿色、赤褐色等多种颜色。无翅蚜体长 1.5～2.5 mm，体色有黄绿色、墨绿色、红褐色等多种颜色
若虫	共 4 龄，体型、体色类似无翅蚜，但个体较小
卵	椭圆形或长椭圆形，初产时为淡黄色或橙黄色，随后变为黑褐色或漆黑色，有光泽

2. 防治方法（见表 4-8）

表 4-8　防治方法

防治方法	说明
农业防治	蚜虫有迁飞特性，在茬口适当安排种植高秆作物如玉米等，可阻挡蚜虫的迁飞扩散

续表

防治方法	说明
物理防治	蚜虫对黄色有较强的趋性，蚜虫迁飞始盛期在蔬菜田内放置黄盆或黄板可灭杀迁飞的有翅蚜。蚜虫对银灰色有忌避性，在苗床上铺银灰色薄膜可防止蚜虫传播病毒病
生物防治	释放人工繁殖的食蚜蝇、草蛉、瓢虫、蚜茧蜂、食蚜瘿蚊等蚜虫的天敌昆虫进行防治
药剂防治	蚜虫的繁殖速度快，蔓延迅速，应及时防治，在田间有蚜虫点片发生时就要进行针对性药剂防治

4.2.2 烟粉虱

烟粉虱以成虫和若虫群集叶背吸食植物汁液为害，被害叶片褪绿、变黄、萎蔫，甚至全株枯死。烟粉虱主要为害茄科、葫芦科、十字花科、豆科、锦葵科等多种蔬菜作物，还为害花卉、棉花等农作物。烟粉虱成虫如图 4-10 所示，烟粉虱蛹如图 4-11 所示。

图 4-10 烟粉虱成虫

第4章 蔬菜常见虫害识别与防治

图 4-11 烟粉虱蛹

1. 识别特征（见表 4-9）

表 4-9 识别特征

虫态	识别特征
成虫	体长 0.8～1 mm，虫体呈黄白色至白色，翅透明具白色细小粉状物
卵	长约 0.2 mm，椭圆形，初产时为淡绿色，逐渐变为褐色
若虫	若虫共 4 龄，长约 0.5 mm，长椭圆形，扁平，淡黄色，半透明，体背光滑。初孵若虫有触角和足，能迁移爬行；2 龄后触角及足退化，固定在植株上取食
蛹	4 龄若虫又称伪蛹，蛹壳一般为椭圆形，因寄主不同而形态各异。在光滑无毛叶片上的蛹体背面不具刚毛，而在具毛叶片上则背面具刚毛

2. 防治方法（见表 4-10）

表 4-10　防治方法

防治方法	说明
农业防治	◎ 在采用保护地设施育苗时，在育苗前清理棚内杂草及残株，减少烟粉虱虫源 ◎ 结合整枝打杈，将烟粉虱受害叶片摘除后再进行药剂防治 ◎ 合理安排茬口，在烟粉虱发生严重的田块避免种植番茄、黄瓜等易发生烟粉虱的作物 ◎ 在换茬时可先密闭棚室，高温灭虫后再清茬，减轻残留虫口迁移扩散继续为害
物理防治	烟粉虱对黄色有较强的趋性，在烟粉虱发生初期采用黄板诱杀成虫，黄板密度一般推荐为每亩使用 25～30 片
生物防治	可释放人工繁殖的丽蚜小蜂、瓢虫等烟粉虱的天敌昆虫进行防治
药剂防治	烟粉虱极易产生抗药性，在化学防治时要科学合理使用农药，轮换或交替使用农药

4.3　螨类害虫

4.3.1　红蜘蛛

1. 识别特征

红蜘蛛以成螨、幼螨在叶背的叶脉附近吸取汁液为害，喜欢在植株下部的老叶寄生。叶片受害后形成枯黄色的细斑，严重时全叶褪绿变黄干枯脱落，影响植株的光合作用，如图 4-12 所示。红蜘蛛成螨如图 4-13 所示。识别特征见表 4-11。

第 4 章　蔬菜常见虫害识别与防治

图 4-12　红蜘蛛叶片为害状

图 4-13　红蜘蛛成螨

表4-11 识别特征

虫态	识别特征
幼螨	圆形，体黄色，长约0.15 mm，有3对足。若螨梨圆形，有4对足，体侧有明显的块状色素
成螨	体色变异很大，梨圆形，一般为红色、锈红色或黄色，有4对足。雌成螨体长0.42～0.51 mm，体宽0.28～0.32 mm。雄成螨体长0.26～0.36 mm，体宽约0.19 mm，体宽较雌成螨明显窄小
卵	圆球形，光滑，直径约0.13 mm，初产时无色透明，以后逐渐变为淡黄至深黄色，孵化前呈微红色

2. 防治方法（见表4-12）

表4-12 防治方法

防治方法	说明
农业防治	◎ 清除瓜田及周围的杂草和枯枝落叶，减少红蜘蛛越冬基数 ◎ 播前深耕灌水灭虫 ◎ 及时松土，加强肥水管理，促进作物生长，健壮植株增强抗虫害能力
生物防治	结合积肥和环境卫生工作，消除路边、沟边、田边、宅前屋后等地的杂草，减少红蜘蛛越冬虫口基数
药剂防治	以喷雾防治为主，重点喷雾红蜘蛛喜欢寄生的植株中下部叶片背面，选用相关认定机构和当地农业技术主管部门推荐名录中的农药，适时适量针对性用药，喷雾均匀周到，增强防治效果

 特别提示

防治技巧

对发生红蜘蛛虫情田块抓早期挑治，压低早期虫口密度。入梅前压基数防治，减轻梅雨季节因难以把控防治节奏而使虫口量上升过大，把握防治的主动权。

4.3.2 茶黄螨

茶黄螨以成螨、若螨刺吸植株汁液为害，顶端嫩叶和生长点受害，植株生长受阻，形成"秃顶"，如图4-14所示。

图4-14 茄子田间茶黄螨为害状

1. 识别特征（见表4-13）

表4-13 识别特征

虫态	识别特征
幼螨	椭圆形，淡绿色，和成螨相似
成螨	椭圆形，淡黄色至橙黄色，半透明，体长约0.2 mm
卵	椭圆形，无色透明，长约0.1 mm

2. 防治方法（见表4-14）

表4-14　防治方法

防治方法	说明
农业防治	◎ 前茬作物收获后及时清除残株落叶，清除田边杂草，减少茶黄螨越冬虫源 ◎ 保护地栽培温室、塑料大棚内作物收获后及时清除残株落叶
药剂防治	抓早期挑治，压低早期茶黄螨虫口密度。在虫害始发期至盛发期重点喷植株上部嫩叶背面、嫩茎、花器和幼果，喷药要均匀周到

4.4　其他害虫

4.4.1　菜粉蝶

菜粉蝶主要为害卷心菜、花椰菜、青菜、白菜等十字花科蔬菜作物，菜粉蝶幼虫称为菜青虫。

1. 识别特征（见表4-15）

表4-15　识别特征

虫态	识别特征
成虫	体长12～20 mm，雄成虫乳白色，雌成虫黄白色。前翅正面基部灰黑色，前翅顶角有1个三角形黑斑，下方有2个圆形黑斑
卵	子弹形，初产时为淡黄色，孵化前转为橙黄色，单粒产于叶面或叶背
幼虫	共5龄，体长25～35 mm。幼虫初孵化时为灰黄色，后变为青绿色。体圆筒形，中段较肥大，背部有一条不明显的断续黄色纵线，气门线黄色，每节的线上有2个黄斑。体背密布细小黑色毛瘤，各体节有4～5条横皱纹
蛹	长15～20 mm，纺锤形，化蛹初期为青绿色，后转为灰褐色

2. 防治方法（见表 4-16）

表 4-16　防治方法

防治方法	说明
农业防治	十字花科蔬菜收获后及时翻耕换茬，防止菜粉蝶残存虫源在收获后的残菜叶上繁殖，减少田间虫口基数，并在茬口安排中尽量避免十字花科蔬菜连作栽培
生物防治	可释放人工繁殖的绒茧蜂、赤眼蜂等菜粉蝶的天敌昆虫进行防治
药剂防治	在菜粉蝶幼虫 2 龄发生盛期防治，春季可与小菜蛾兼治，秋季可与小菜蛾、甜菜夜蛾、斜纹夜蛾等兼治

4.4.2　瓜绢螟

瓜绢螟幼虫如图 4-15 所示，瓜绢螟成虫如图 4-16 所示。

图 4-15　瓜绢螟幼虫

图 4-16　瓜绢螟成虫

1. 识别特征（见表 4-17）

表 4-17　识别特征

虫态	识别特征
成虫	头胸部黑色，体长约 11 mm，翅展 25 mm 左右，前后翅白色半透明状，略带紫光
卵	扁平椭圆形，淡黄色，表面有网状纹
幼虫	共 5 龄，明显特征是亚背线为两条较宽的乳白色纵带，老熟幼虫体长 23～26 mm，头部前胸背板淡褐色，胸腹部草绿色，气门黑色
蛹	体长约 14 mm，深褐色，外被薄茧

2. 防治方法（见表 4-18）

表 4-18　防治方法

防治方法	说明
农业防治	在瓜果采收完毕后及时清理残株落叶，将留存的瓜绢螟虫、蛹随之带出田外，减少田间虫口密度或越冬基数

续表

防治方法	说明
物理防治	在采用大棚设施栽培时,使用大棚膜加防虫网的配套技术,拒瓜绢螟成虫于棚外
药剂防治	瓜绢螟高龄幼虫食量大,抗药性也偏强。瓜绢螟的最佳防治适期应在2龄、3龄幼虫高峰期。在瓜绢螟低龄幼虫高峰期开始用药防治,以喷雾防治为主,选用相关认定机构和当地农业技术主管部门推荐名录中的农药,适时适量用药防治

4.4.3 美洲斑潜蝇

1. 识别特征

美洲斑潜蝇成虫、幼虫均可为害。

(1)成虫。成虫体长1.3～2.3 mm,翅展1.3～1.7 mm,淡灰黑色,胸背板亮黑色,体腹面黄色。美洲斑潜蝇属于小型蝇类,雌虫比雄虫稍大。雌虫在飞翔时用产卵器刺伤叶片取食汁液;雄虫不刺伤叶片,而是取食雌虫刺伤点中的汁液。

(2)卵。卵散产于叶片,米色,半透明,长0.2～0.3 mm,宽0.1～0.15 mm。

(3)幼虫。幼虫共3龄,长约3 mm,蛆状,初孵无色,渐变淡橙黄色,后期变为橙黄色,如图4-17所示。

图4-17 美洲斑潜蝇幼虫

孵化后的幼虫即潜叶为害植物叶片，造成蛇形不规则的白色虫道，破坏叶绿素，影响光合作用，如图4-18所示。被害叶片受害严重时可脱落，幼苗被害可显著延迟生育进程。幼虫老熟后爬出潜叶虫道，在叶片上或土缝中化蛹，蛹很容易被风吹落至地表缝隙中。

图4-18 美洲斑潜蝇叶片潜叶为害状

（4）蛹。蛹椭圆形，体长1.7～2.3 mm，体宽0.5～0.75 mm，橙黄色。

2. 防治方法（见表4-19）

表4-19 防治方法

防治方法	说明
农业防治	蔬菜作物收获后及时清洁田园、田间植株残体和周边杂草。蔬菜作物生长期尽可能摘除下部虫道较多且功能丧失的老叶片。机耕杀灭虫蛹，减少田间虫源
物理防治	◎ 利用美洲斑潜蝇的趋黄性，采用黄板诱虫，在田间插或挂黄板进行诱杀，并定期更换黄板 ◎ 在采用大棚设施栽培时，使用大棚膜加防虫网的配套技术，构建人工隔离屏障
生物防治	早春尽量少用药，保护和利用天敌，使田间美洲斑潜蝇天敌姬小蜂、潜叶蜂等种群密度增加，进行以虫治虫

第4章 蔬菜常见虫害识别与防治

续表

防治方法	说明
药剂防治	所选用的农药要注意轮换或交替用药,以喷雾防治为主,适时适量针对性用药,喷雾均匀周到,增强防治效果

 特别提示

> **防治技巧**
>
> 晴天上午9点至午后2时为美洲斑潜蝇成虫活动盛期,针对植株中下部喷雾用药。

4.4.4 黄曲条跳甲

1. 识别特征

(1) 成虫。成虫黑色有光泽,体长 2.0～2.5 mm,前胸背板及鞘翅上有许多纵行排列的刻点,鞘翅中央有左右对称的两端大、中间小、仅前后两端向内弯曲的黄色曲条斑纹,如图 4-19 所示。后足腿节膨大,为跳跃足。

图 4-19 黄曲条跳甲

（2）卵。卵椭圆形，长约 0.3 mm，淡黄色，半透明。

（3）幼虫。幼虫共 3 龄，乳白色或黄白色，长圆筒形。老熟幼虫体长约 4 mm，尾部稍细，各节都有不显著的肉瘤，其上长细毛。

（4）蛹。蛹乳白色，椭圆形，体长约 2 mm，头部隐藏在翅芽下面。

2. 防治方法（见表 4-20）

表 4-20　防治方法

防治方法	说明
农业防治	◎ 黄曲条跳甲属寡食性害虫，提倡十字花科蔬菜与非十字花科蔬菜轮作，可明显减轻为害 ◎ 清除菜地残株落叶，铲除田内及周边杂草，消除越冬场所和食料基地压低虫源
物理防治	田间放置杀虫灯，用杀虫灯诱杀黄曲条跳甲成虫

 **特别提示**

防治技巧

防治黄曲条跳甲要从防治幼虫着手，不要等造成大片危害后才防治。虫口高不仅控制虫情的难度高，而且成虫抗药性强，防治成本也高。

防治幼虫的最佳方法是在播种时使用可与种子同时下播的颗粒剂农药，将药混入种子出苗的土层中，在出苗的同时即保护秧苗。

作物生长期防治叶面成虫应在黄曲条跳甲成虫始盛期，喷药时间应选择在成虫活动盛期（春秋季中午前后、夏季早晨和傍晚），并应从田边四周喷向田内进行围歼，以防喷药时赶走害虫。

4.4.5　蓟马

1. 识别特征

（1）虫态。成虫体长约 1 mm，黄色，前胸后缘有缘鬃 6 根。翅细长透明，周缘有许多细长毛，前翅上脉有基鬃7条，第8腹节后缘栉毛完整。

卵长椭圆形，长约0.2 mm，淡黄色。

若虫共4龄，体白色或淡黄色。

（2）为害状。蓟马以成虫、若虫锉吸心叶、嫩芽、幼果的汁液为害，被害植株心叶不能正常展开，生长点萎缩变黑而出现丛生现象。

幼果受害出现畸形，严重时造成落果。果实受害后果皮粗糙。茄子果实受害后有黄褐色斑纹或果皮长满锈皮，如图4-20所示；番茄幼果、青果受害部位呈白色肿状凸起，中心部位可见针刺状褐色小点，使果实的外观品质受损、商品性下降，如图4-21所示。

图4-20　蓟马为害茄子果实

图4-21　蓟马为害番茄果实

2. 防治方法（见表4-21）

表4-21　防治方法

防治方法	说明
农业防治	清除瓜田杂草，加强肥水管理，使植株生长旺盛，可减轻蓟马为害
物理防治	色板诱虫用于蓟马成虫盛发期，在田间设置黄板诱杀成虫
药剂防治	幼苗2～3真叶期到成株期要经常检查，当植株心叶始见2～3头蓟马时施药防治

第 5 章

主要蔬菜常见病虫害为害状

5.1　番茄常见病虫害为害状　　　／ 94
5.2　甘蓝、花菜常见病虫害为害状　／ 95
5.3　瓜类常见病虫害为害状　　　　／ 96
5.4　辣椒常见病虫害为害状　　　　／ 97
5.5　茄子常见病虫害为害状　　　　／ 98

5.1 番茄常见病虫害为害状

5.1.1 番茄常见病害为害状（见表5-1）

表5-1 番茄常见病害为害状

为害部位	常见病害	为害状
叶片	灰霉病、叶霉病、早疫病、晚疫病	在叶片上产生坏死斑或枯斑
	白粉病、病毒病	在叶片上表现病状，但不产生叶组织坏死或枯斑
茎	枯萎病、青枯病、早疫病、晚疫病、疮痂病、斑点病、叶霉病	—
果实	灰霉病、早疫病、晚疫病、脐腐病、菌核病、病毒病、叶霉病、炭疽病、疮痂病、日灼病	—

5.1.2 番茄常见虫害为害状（见表5-2）

表5-2 番茄常见虫害为害状

为害部位	常见害虫	为害状
叶片	夜蛾类害虫、瓢虫	害虫体型大，叶片为害后呈破碎状或枯斑
	蚜虫类害虫、粉虱	害虫体型小，主要在叶背群生，吸汁为害
	潜叶蝇类害虫	害虫潜叶为害
茎	小地老虎、茶黄螨	—
果实	烟青虫、瓢虫、蓟马、刺皮瘿螨	—

5.2　甘蓝、花菜常见病虫害为害状

5.2.1　甘蓝、花菜常见病害为害状（见表5-3）

表5-3　甘蓝、花菜常见病害为害状

为害部位	常见病害	为害状
叶片	软腐病、菌核病、黑斑病、白粉病、病毒病	在叶片上产生坏死斑或枯斑
根茎部	枯萎病、蔓枯病、菌核病、立枯病、炭疽病	主要为害根茎部或根部，引起全株性枯死
茎秆	炭疽病、蔓枯病、疫病	形成局部病斑或局部枝杆枯死
果实	炭疽病、疫病、菌核病、灰霉病	病部表面有霉层
	病毒病	病部表面无霉层

5.2.2　甘蓝、花菜常见虫害为害状（见表5-4）

表5-4　甘蓝、花菜常见虫害为害状

为害部位	常见害虫	为害状
叶片	小菜蛾、菜青虫、斜纹夜蛾、甜菜夜蛾、菜螟、猿叶甲、黄曲条跳甲	害虫体型大，叶片为害后呈破碎状或枯斑
	桃蚜、萝卜蚜	害虫体型小，主要在叶背群生，吸汁为害
	斑潜蝇	害虫潜叶为害
根茎部	小地老虎、黄曲条跳甲	—
菜球和花球	甜菜夜蛾、斜纹夜蛾	—

5.3 瓜类常见病虫害为害状

5.3.1 瓜类常见病害为害状（见表 5-5）

表 5-5 瓜类常见病害为害状

为害部位	常见病害	为害状
叶片	霜霉病、细菌性角斑病、炭疽病、疫病、蔓枯病、灰霉病、细菌性斑点病	在叶片上产生坏死斑或枯斑
	白粉病、病毒病	受害叶片表现病状，但不产生叶组织坏死或枯斑
根茎部	枯萎病、菌核病、立枯病、猝倒病	主要为害根茎部或根部，引起全株性枯死
茎秆	炭疽病、蔓枯病、疫病、灰霉病	茎发病，形成局部病斑或局部枯萎
果实	炭疽病、疫病、菌核病、灰霉病、细菌性角斑病、蔓枯病、病毒病	—

5.3.2 瓜类常见虫害为害状（见表 5-6）

表 5-6 瓜类常见虫害为害状

为害部位	常见害虫	为害状
叶片	瓜绢螟、斜纹夜蛾、黄守瓜、瓢虫	害虫体型大于 0.4 cm，叶片为害后呈破碎状
	蚜虫、白粉虱、茶黄螨	害虫体型小于 0.4 cm，主要在叶背群生，吸汁为害
	美洲斑潜蝇	害虫潜叶为害
根部	黄守瓜	受害植株地上部分生长不良或枯萎
	小地老虎	造成断苗或断垄

5.4　辣椒常见病虫害为害状

5.4.1　辣椒常见病害为害状（见表5-7）

表5-7　辣椒常见病害为害状

为害部位	常见病害	为害状
叶片	炭疽病、疫病、疮痂病、灰霉病	在叶片上产生坏死斑或枯斑
叶片	白粉病、日灼病、病毒病	在叶片上表现病状，但不产生叶组织坏死或枯斑
茎部	疫病、灰霉病、菌核病、病毒病、疮痂病	—
果实	炭疽病、疫病、灰霉病、日灼病、菌核病、疮痂病、病毒病	—

5.4.2　辣椒系统性枯死病变为害状

造成青枯、萎蔫：猝倒病、立枯病、黄萎病。

5.4.3　辣椒常见虫害为害状（见表5-8）

表5-8　辣椒常见虫害为害状

为害部位	常见害虫	为害状
叶片	瓢虫、斜纹夜蛾、甜菜夜蛾	害虫体型大，叶片为害后呈破碎状或枯斑
叶片	蚜虫、茶黄螨、美洲斑潜蝇	害虫体型小，主要在叶背群生，吸汁为害
茎部	小地老虎、茶黄螨	—
果实	烟青虫、斜纹夜蛾、甜菜夜蛾、蓟马	—

5.5 茄子常见病虫害为害状

5.5.1 茄子常见病害为害状（见表5-9）

表5-9 茄子常见病害为害状

为害部位	常见病害	为害状
叶片	褐纹病、早疫病、黑枯病、灰霉病、绵疫病、菌核病、斑枯病	在叶片上产生坏死斑或枯斑
	白粉病	在叶片上表现病状，但不发生叶组织坏死或产生枯斑
茎部	枯萎病、褐纹病、灰霉病、黑枯病、斑枯病、早疫病、菌核病	—
果实	褐纹病、灰霉病、菌核病、黑枯病、斑枯病、早疫病、绵疫病	—

5.5.2 茄子系统性枯死病变为害状（见表5-10）

表5-10 茄子系统性枯死病变为害状

常见病害	为害状
猝倒病、立枯病、青枯病	青枯、萎蔫
黄萎病	全株性黄萎

5.5.3 茄子常见虫害为害状（见表 5-11）

表 5-11　茄子常见虫害为害状

为害部位	常见害虫	为害状
叶片	二十八星瓢虫、甜菜象甲、蜗牛、斜纹夜蛾、甜菜夜蛾	害虫体型大，叶片为害后呈破碎状或枯斑
	棉蚜、桃蚜、二斑叶螨、朱砂叶螨、茶黄螨	害虫体型小，主要在叶背群生，吸汁为害
	美洲斑潜蝇、茄子潜叶蝇	害虫潜叶为害
茎部	小地老虎、茶黄螨、茄黄斑螟	—
果实	烟青虫、棉铃虫、二十八星瓢虫、斜纹夜蛾、甜菜夜蛾、蜗牛、茶黄螨	—